# 軍馬と農民

大瀧真俊 著

京都大学学術出版会

## プリミエ・コレクションの創刊にあたって

　「プリミエ」とは，初演を意味するフランス語の「première」に由来した「初めて主役を演じる」を意味する英語です．本コレクションのタイトルには，初々しい若い知性のデビュー作という意味が込められています．

　いわゆる大学院重点化によって博士学位取得者を増強する計画が始まってから十数年になります．学界，産業界，政界，官界さらには国際機関等に博士学位取得者が歓迎される時代がやがて到来するという当初の見通しは，国内外の諸状況もあって未だ実現せず，そのため，長期の研鑽を積みながら厳しい日々を送っている若手研究者も少なくありません．

　しかしながら，多くの優秀な人材を学界に迎えたことで学術研究は新しい活況を呈し，領域によっては，既存の研究には見られなかった潑剌とした視点や方法が，若い人々によってもたらされています．そうした優れた業績を広く公開することは，学界のみならず，歴史の転換点にある21世紀の社会全体にとっても，未来を拓く大きな資産になることは間違いありません．

　このたび，京都大学では，常にフロンティアに挑戦することで我が国の教育・研究において誉れある幾多の成果をもたらしてきた百有余年の歴史の上に，若手研究者の優れた業績を世に出すための支援制度を設けることに致しました．本コレクションの各巻は，いずれもこの制度のもとに刊行されるモノグラフです．ここでデビューした研究者は，我が国のみならず，国際的な学界において，将来につながる学術研究のリーダーとして活躍が期待される人たちです．関係者，読者の方々ともども，このコレクションが健やかに成長していくことを見守っていきたいと祈念します．

　　　　　　　　　　　　　　　第25代　京都大学総長　松本　紘

## はしがき

　本書では，戦前に行なわれた軍馬資源政策が東北地方の農民の馬飼養にどのような影響を及ぼしたのかを明らかにする。具体的には，日本馬全体の軍馬資源化を目的とした馬匹改良政策（洋種血統の導入による大型化政策）が，東北地方の農民による馬の生産と利用にいかなる変化をもたらしたのか，また逆に後者のあり方が前者にどのような制約を与えたのかについて検討する。研究史上の位置づけとしては，戦前の「馬」を農業史・畜産史・軍事史という3つの視点から立体的に捉えたものといえよう。

　2011年の東日本大震災では，著者が研究対象地としてきた東北地方が大きな被害を受けた。その際に被害を拡大させる一因となった同地方の産業構造問題（中央に対する従属性）は，現在も議論の対象となっている。こうした現状に対し，本書の提示出来る論点はごく限られているが，近代の東北地方が中央資本（馬の場合は主に陸軍）に依拠した産業構造を強いられていった様相の一部を描くことは出来たと思う。上記の点を本文中で十分強調することは出来なかったが，こうした点も意識して読んでいただければ幸いである。

　アジア・太平洋戦争時には，50万頭にも及ぶ日本馬が軍馬として大陸に渡ったとされる。その背景には，侵略を受けたアジア各地の人々の被害は勿論のこと，国内でも帰還なき出征を余儀なくされた馬たちと，それを供出した農民という犠牲があったことを忘れてはならない。そうした人々と馬たちの不幸な歴史を記録する役割を，本書が少しでも果たせればと思う。

2013年3月

大瀧　真俊

目　次

## 序章 軍馬となった日本の馬

第1節　近代の馬をめぐる3者—軍・農・馬政 …………… 3

第2節　研究領域をむすぶ馬—先行研究とその問題点 …………… 8
1) 畜産史研究 …………… 8
2) 農業史研究 …………… 13
3) 軍事史研究 …………… 16

第3節　近代産馬業の統一的把握—課題と方法 …………… 18
1) 軍・農・馬政の動態と相互関係—本書の課題 …………… 18
2) 資料と方法 …………… 22
3) 本書の構成 …………… 24
4) 本書における用語 …………… 26

## 第1章 第一次馬政計画期(1906-35年)の東北産馬業

第1節　近代産馬業の時期区分 …………… 33

第2節　統計でみる第一次馬政計画期 …………… 39
1) 馬匹改良の進展 …………… 39
2) 東北産馬業の位置 …………… 41

第3節　東北各県の特徴 …………… 45
1) 各県産馬業の概要 …………… 45
2) 県別の産馬方針 …………… 50
3) 国・軍の産馬関連施設 …………… 55

小括 …………… 58

## 第2章 馬匹改良政策の展開
### ―馬政計画第一期(1906-23年)の青森県上北郡―

#### 第1節 上北郡馬産の特徴 ……… 65
1) 先進馬産地・上北郡 ……… 65
2) 馬産経営階層 ……… 68
3) 馬政計画第一期の変化 ……… 72
4) 馬匹改良施設と軍馬補充施設 ……… 74

#### 第2節 種牡馬制度の整備 ……… 77
1) 種牡馬検査法の制定 ……… 77
2) 国有種牡馬の供給 ……… 78
3) 国有種牡馬と民有種牡馬の比較 ……… 79

#### 第3節 種牡馬購買・軍馬購買 ……… 82
1) セリ市場の景況 ……… 82
2) 種牡馬制度との関連 ……… 84
3) 馬産経営階層との対応 ……… 86

#### 第4節 陸軍の牧野政策 ……… 88
1) 牧野の不足 ……… 88
2) 国有林野馬産供用限定地制度 ……… 92
3) 牧野政策と馬匹改良政策 ……… 93

小括 ……… 95

## 第3章 馬匹改良政策の綻び
### ―馬政計画第一期末の秋田県における重種流行―

#### 第1節 重種流行の背景 ……… 104
1) 重種血統の導入 ……… 104
2) 大正好況と重種流行 ……… 105

第 2 節　馬政局と畜産組合の反応 ……………*113*
1）馬政局の反応 …………… *113*
2）畜産組合の反応 …………… *115*

第 3 節　重種流行の位置づけ …………… *118*
1）馬匹改良政策の破綻条件 …………… *118*
2）重種流行の衰退 …………… *121*

小括 …………… *122*

# 第4章 軍馬資源確保と農民的馬飼養の矛盾
## ―馬政計画第二期(1924-35年)の使役農家経営―

はじめに …………… *127*
1）馬政計画第二期の産馬業 …………… *127*
2）本章の課題 …………… *129*

第 1 節　馬政計画第二期における軍馬需要の変化 …………… *132*
1）平時軍馬需要の減少―軍縮の影響― …………… *132*
2）戦時軍馬需要の増加―陸軍近代化の影響― …………… *134*

第 2 節　馬政第二期計画の馬政方針 …………… *136*
1）陸軍の馬政方針 …………… *137*
2）農林省畜産局の馬政方針 …………… *141*

第 3 節　馬利用増進による経営収支改善 …………… *144*
　　　　　―改良馬需要の創出プラン―
1）馬利用増進の奨励 …………… *144*
2）馬利用増進の実践形態 …………… *149*

第 4 節　支出削減による経営収支改善 ················ *152*
　　　―小規模農家における小格馬需要―
　1）小格馬需要の背景 ················ *152*
　2）馬論・牛論 ················ *157*
　3）小規模農家の具体的対応 ················ *159*

　小括 ················ *163*

## 第 5 章　軍馬需要の変化と東北馬産
　　　―馬政計画第二期(1924-35年)の馬産農家経営―

　はじめに ················ *169*
　1）馬政計画第二期の東北馬産 ················ *169*
　2）本章の課題 ················ *170*

第 1 節　統計からみた馬政計画第二期の東北馬産 ················ *172*
　1）国有種牡馬と民有種牡馬の比較 ················ *173*
　2）２歳駒セリ市場の景況 ················ *174*

第 2 節　1920年代馬産農家経営の変化 ················ *177*
　1）軍馬生産から農馬生産への転換 ················ *177*
　2）繁殖牝馬の農耕利用拡大 ················ *180*

第 3 節　1930年代馬産農家経営と農林省の馬産救済施策 ················ *184*
　1）農林省に対する請願 ················ *184*
　2）農林省の馬産救済施策 ················ *188*
　3）生産意欲増大の背景 ················ *192*

第 4 節　1930年代馬産農家経営と陸軍の軍馬購買事業 ················ *194*
　1）陸軍に対する請願 ················ *195*
　2）1930年代の軍馬生産と農馬生産 ················ *196*
　3）壮馬中心の軍馬購買事業 ················ *198*

　小括 ················ *202*

## 補章　共進会制度からみた馬匹改良政策の変遷

### 第1節　共進会制度の変遷 ……… 209

1) 産馬奨励規程 ……… 209
2) 畜産奨励規則 ……… 211

### 第2節　馬政計画第一期の共進会 ……… 213
　　　　　―青森県産馬共進会―

1) 青森県産馬共進会と七戸産馬組合 ……… 213
2) 馬所有規模による経営階層区分 ……… 214
3) 受賞者の内訳 ……… 216

### 第3節　馬政計画第二期の共進会その1 ……… 218
　　　　　―秋田県種馬共進会―

1) 概況 ……… 218
2) 国税納付額による経営階層区分 ……… 220
3) 受賞者の内訳 ……… 221

### 第4節　馬政計画第二期の共進会その2 ……… 222
　　　　　―秋田県輓用役馬共進会―

1) 概況 ……… 222
2) 受賞者の内訳 ……… 224

小括 ……… 225

## 終章　総括と展望

### 第1節　第一次馬政計画期の東北産馬業 ……… 229
### 第2節　近代産馬業の全体像 ……… 234

1) 軍・農・馬政の時期的変化 ……… 234
2) 軍・農・馬政の相互関係 ……… 237
3) 「馬」を通じた軍と農の結びつき ……… 239

参考・引用文献一覧 ……… 243
あとがき ……… 251
索引 ……… 253

序章

# 軍馬となった日本の馬

## 第 1 節　近代の馬をめぐる 3 者 ── 軍・農・馬政

　日本の近代（本書では明治期から昭和戦前期まで）は，富国強兵政策の開始からアジア・太平洋戦争の終結に至るまで，終始，戦争の時代であった。それは農業・農村・農民についても同様である。都市労働者よりも兵役合格率の高かった農民は早い時期から強兵として注目され，また 1930 年代初頭の農業恐慌下の農村はその不満の捌け口を海外に求めた点で軍国主義の温床となった。更にアジア・太平洋戦争期には，総力戦を支える物資の供出が農業部門に対して強く要請された。

　こうした中にあって，「馬」は特に戦争との結びつきが強く，またそれゆえ近代において劇的な変化をもたらされた存在として注目される。その変化とは，軍用適格馬の造成を目的として，洋種血統の導入による日本馬全体の大型化（馬匹改良）が実行されたことである。その過程で，体格が小さく軍用に不向きであった在来種血統は一気に淘汰され，僅か 30 年の間に純血の在来種はほとんど姿を消すこととなった。

　以上のような近代産馬業[1]，特に軍馬を主眼とした馬匹改良をめぐるアクターとして，軍・農・馬政の 3 者があげられる。以下，3 者の関係を簡単に整理しておきたい。

　まず馬匹改良の進展をめぐっては，軍の要求と農の要求が鋭く対立していた。軍の要求とは，馬匹改良によって日本馬全体を軍馬資源化することにあった。この要求は，明治維新後に近代軍隊が創設されたことに端を発する。従来国内に生息していた在来馬は，欧米馬に比べて著しく体格が小さく，

---

1) 当時の資料上では，「産馬（業）」「馬産（業）」のどちらも，基本的に馬の生産部門のことを指すが，前者に関しては利用部門も含めた馬に関する産業全般を指す場合もあった。このことをふまえ，本書では生産部門のみを示す場合には「馬産（業）」，生産と利用の双方を示す場合は「産馬（業）」と表記することとする。

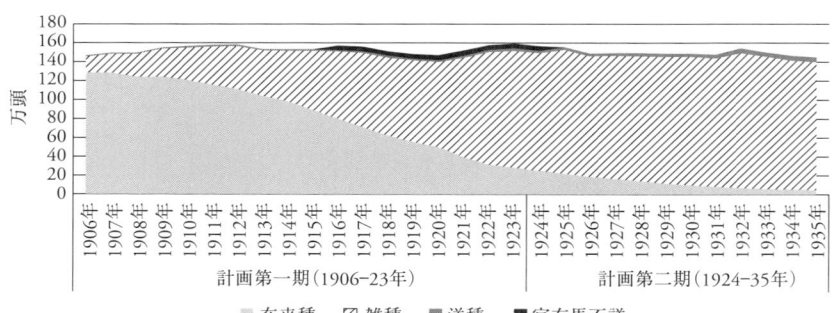

**図序-1** 第一次馬政計画期における馬匹改良の進展
出典：1906-32 年『馬政第一次計画実績調査』，1933-35 年『農林省統計表』。

近代軍隊における軍馬としての適性を欠いていた[2]。それが日清戦争（1894-95 年，明治 27-28）・日露戦争（1904-05 年，明治 37-38）において痛感されたことで，馬匹改良は国防上の急務とされたのである。こうして開始された馬匹改良は極めて急速に進展し，第一次馬政計画期（1906-15 年，明治 39-昭和 10）には国内馬血統に占める洋種・雑種の割合は 12.2％から 96.6％へと一気に上昇した（図序-1）。またその成果が最終的に問われることとなったアジア・太平洋戦争時には，国内馬約 150 万頭の中から実に 50 万頭が軍馬として動員されたという[3]（写真序-1）。

一方，農の要求とは，国内で大多数を占めた小規模経営に適した農馬[4]として，購入費・維持費の安い小型馬を確保することであった。戦前段階では，1 頭の役畜（牛馬）を畜力耕・駄載運搬・厩肥採取などといった複数の用途に用いる農業技術体系が確立されており，そのどれか 1 つが他の方法で代替可

---

2) 馬の大きさの代表的な指標である体高（馬の背中までの高さ）でいえば，日本在来馬が 1.35 m 程度であったのに対し，軍馬として必要とされたのは 1.50 m 前後であった。また体重でいえば，前者は約 300 kg，後者は約 450 kg と 1.5 倍程度の開きがあった。
3) 秦郁彦「軍用動物たちの戦争史」『軍事史学』第 43 巻第 2 号，2007 年 9 月，pp. 57-58。
4) 農耕馬・農用馬のこと。本書では資料上の表記と合わせるため，「農馬」と表記する。

**写真序-1　平時保管馬と徴発馬の体格比較（日中戦争時）**
1938年頃の軍馬補充部で数年間育成・調教された平時保管馬（左：体高1.53 m，体重420 kg，尻幅49 cm）と民間からの徴発馬（右：体高1.33 m，体重220 kg，尻幅40 cm）。どちらも軍用駄馬。馬匹改良が大幅に進んだ日中戦争期でも、徴発馬の中には軍の要求に達しないものが存在したことが分かる。
出典：「独立山砲兵〇〇〇隊隊馬写真説明」（『馬政調査会2』参考11，神馬事記念館所蔵）。

能となっても，残りの部分が代替出来なければ家畜の飼養を継続する必要があった。その全面的代替が可能となったのは，トラクターや自動車，化学肥料などが普及した戦後のことである。また上記の役畜として，一般的に西日本では牛，東日本では馬が多く飼養されていた。東日本では西日本に比べて経営規模が大きく，また雪解けから田植えまでの作業適期が短かったため，速力に富んだ馬が必要とされたのである。特に東北の稲作地帯では，乾田化・畜力による深耕・多肥の3つがセットとなった明治農法が導入されたことで，農馬は一層欠かせないものとなった。ただしその利用日数は年間30-40日程度に過ぎなかったことから，自家経営に必要な畜力と厩肥が得られる範囲で出来るだけ購入費・維持費の安い馬が農馬として求められた。この点で，馬の高コスト化を引き起した馬匹改良は，農からの要求に反していたのである。

　両者の住み分け，すなわち軍馬と農馬を別々に確保することは現実的に不可能とされた。近代戦争において必要とされる軍馬は数十万頭に達したため[5]，そのすべてを平時の陸軍のみで維持することは出来なかったからである。このため軍馬と民間馬を区別せず[6]，平時の民間馬全体に対して馬匹改良を施しておき，戦時にはそれを軍馬として動員し得る体制を構築することが図られた。いわば「国民皆兵」の馬版である。その主たる対象となったのが，民間馬の約8割を占めた農馬であった。「農馬即軍馬」という当時のスローガンの存在が，それを端的に表わしている。このすべての農馬を軍馬資源化しようとする馬匹改良の強行は，農家の要求以上に馬の大型化・高コスト化をもたらし，ここに馬の「質」をめぐる軍と農との対立が生じることと

---

5）近代戦争における軍馬動員数は，日清戦争5.8万頭，日露戦争17.2万頭，アジア太平洋戦争50-60万頭とされている。後になるほど増加しているのは，総力戦の登場によって弾薬・物資の量が増大し，その輸送手段としての軍馬需要が増加したことによる。詳しくは，第4章第1節を参照されたい。

6）「総テノ軍用馬ハ民用馬タルベク総テノ民用馬ハ軍用馬タルベキ」金子馬匹調査会長の馬匹改良意見（1897年），帝国競馬協会編『日本馬政史』第4巻，1928年，p. 81。

なったのである。

　ただし馬の繁殖を行なった農家（馬産農家）に関しては，やや状況が複雑である。多くの馬産農家は，1-2頭の牝馬を繁殖・使役の双方に利用していた（繁殖兼役用）。そのうち繁殖面においては，一般馬よりも販売価格の高い軍馬購買を最大の生産目標としていたため，馬匹改良に対して積極的であった。軍馬購買とは，陸軍が行なった2歳駒セリ市場における平時部隊保管馬の購買のことを指す。一方，使役面においては，上述のようにコストの点から馬匹改良に対して否定的であった。すなわち繁殖兼役用という飼養形態には，馬匹改良に関して相反する2つの側面が同時に存在していたのである。

　上記のような軍と農との対立関係（繁殖に関しては協調関係）について，両者の間に入って調整する役割を果たしたのが，馬政（馬政機関・馬政制度）であった。国家の存立には国防・産業ともに欠かせない要素であり，両者の相反する要求について，どちらか一方を無視することは出来なかったのである。ただしどちらに重点を置くのかは，時期により異なっていたと考えられる。後述のように，馬政主管が陸軍省と農林省（農商務省）の間で移動を繰り返していたことが，それを示唆している。

　以上のように，軍の側が軍馬資源の確保を目的として馬匹改良を図ったのに対し，農の側は使役面に関してそれを拒んだ一方，繁殖面に関してはそれを受け入れ，また馬政が両者の調整に努めていたというのが，近代産馬業の基本構図であった。ただし結果的には，軍の要求が概ね貫徹されたといえる。前掲のように，軍の要求をベースとした馬匹改良が極めて急速に進展していったからである。2010年（平成22）時点で，国内に生息する馬8万1376頭のうち，北海道ドサンコに代表される日本在来馬[7]は僅か1823頭（全体の

---

7）　現在も残存している日本在来馬として，北海道和種（ドサンコ），長野県の木曽馬，愛媛県の野間馬，長崎県の対州馬，宮崎県の御崎馬，鹿児島県のトカラ馬，沖縄県の宮古馬と与那国馬の8種がある（馬の博物館・牛の博物館編『馬と牛』馬事文化財団，2006年，pp.27-30）。

2.2%）に過ぎず，大部分が洋種血統で占められている[8]。これは，戦前期に上記のような馬匹改良が行なわれ，在来種血統がほぼ一掃されたことの「蹄跡」といえる。

## 第2節　研究領域をむすぶ馬 —— 先行研究とその問題点

　近代産馬業に関する研究領域として，畜産史研究・農業史研究・軍事史研究の3つがあげられる。各政策や事例についての細かな分析・評価は後の各章冒頭で触れることとし，ここでは各領域の中で近代の馬がどのように扱われてきたのかについて概観したい。

### 1）畜産史研究

　畜産史研究においては，馬の生産部門（馬産部門）が主な分析対象とされる。ただし部分的には，利用部門（農馬の利用）の分析も含まざるを得ない。馬産に限らず，戦前日本における畜産は大部分が農家経営の副業[9]として行なわれていた。家畜は耕種に必要な畜力や厩肥を確保するために飼養され，繁殖はそれを副次的に利用して行なわれていたのである。こうした耕種と畜産（馬産）が未分化である飼養形態の場合，畜産はそれ単体ではなく，耕種と合わせた農家経営全体であり方を検討する必要がある。

　そうした分析を最初に行なったのが，近藤康男であった。それは1938年

---

[8]　農林水産省生産局畜産部畜産振興課「馬関係資料」2012年3月。
[9]　こうした畜産形態については，農家経営の「兼業」とする見解と，「副業」とする見解が存在する。前者は飼料供給などといった耕種部門との連関性の低さ（松尾幹之『畜産経済論』御茶の水書房，1963年，pp. 185-186），後者は同部門に対する仕事分量の少なさ（横井時敬『畜産経済』子安農園出版部，1920年，pp. 58-59）をそれぞれ問題とした見方といえる。

（昭和 13）の岩手県上閉伊郡綾織村で行なわれた馬産経営調査の際である[10]。同調査の目的は，日中戦争の開始に伴う軍馬需要の増加に対応するため，馬の生産に必要な「農業経営上適正な規模」を検討することにあった。それは当時の現状分析として行なわれたものであったが，戦後の畜産史研究に与えた影響が大きいため，ここで取り上げたい。近藤はその調査の中で，「馬産経営指数」[11]という耕種・畜産を合わせた総合経営指数を考案し，その分析を通じて，①馬産経営規模と耕種経営規模が比例関係にあること，②徴発による農業生産力の低下を防ぐためには中規模経営（2-4 町歩）に馬労働力の余剰を蓄えておく必要があること，などを明らかにした。①は従来通説とされていたことを具体的数値によって示したものであり，②は戦時の馬の「量」をめぐる軍・農の矛盾を婉曲的に示したものと捉えられる。

　上記のように耕種と畜産を統合的に捉える研究は，戦後に開始された畜産史研究の中で更に発展していった。その代表的なものとして，畜産経済研究会による一連の研究があげられる[12]。同研究会の問題意識は「なにゆえに農民は赤字を百も承知のうえで家畜を飼うのか」[13]という点に置かれ，特に農

---

10)「ここで注意を要するのは馬産に対する基礎的条件は，他の農業部門におけるそれと等しいということである。なぜならば馬産は，一般農耕と有機的に関連してはじめて合理的に存在しうるからである。すなわち馬産は飼料の獲得に関して一般農耕を前提とするし，逆に一般農耕は畜力の供給，厩肥生産などに関して馬産を前提として可能だからである。したがって一般農耕が合理的に遂行されるために必要な土地の合理的支配，充分な資本等々が馬産に対しても決定的な前提条件となる。」（近藤康男『農業経済調査論』近藤康男著作集第 6 巻，農山漁村文化協会，1974 年，pp. 80-81）

11) 馬産条件指数＝田畑自作面積＋同借入面積/2 ＋同貸付面積/2 ＋自家所有採草地面積/10，同書，p. 5。

12) 畜産経済研究会は，1957 年 6 月発足。参加メンバーは栗原藤七郎，菱沼達也，土屋光豊（以上 3 名は馬産経済実態調査に参加した「戦前派」），梶井功，菊地昌典，小林忠太郎，平井正文（「戦後派」）。また近藤康男も同研究会に間接的に関わったとされる。同研究会の成果は，栗原藤七郎編『日本畜産の経済構造』東洋経済新報社，1962 年にまとめられた。

13) 菊地昌典「あとがき」（栗原藤七郎編，前掲書），p. 363。

家の要求以上に改良が進められた馬に注目が集められた。この点を詳しく扱った畜産経済研究会のメンバーとして，梶井功，菱沼達也の両名があげられる。

　まず梶井は，地代論の観点から牧野問題について分析を行ない，土地所有者（地主）にとって牛馬小作[14]による畜産経営が，林業経営以上に収入をもたらすものであったことを明らかにした[15]。その中で注目すべきは，労働報酬（の有無）を採算点とする小生産農民によって，当時の畜産は担われていたという指摘である。梶井は牛馬小作の成立条件として，「牛馬産が唯一の商品生産」かつ「自給農耕の生産力基盤として飼畜が不可欠」である小生産農民が存在することをあげた。そうした農家では「現金収支の余剰が自家労働の報酬として問題」とされるため，牛馬小作が「如何に低劣な労働報酬しか与えないとしても，小生産農民はそれにしがみつかなければならな」かったというものである。前掲の問題意識に対する答えとして，小生産農民における特殊な採算点のあり方（現金収支のみでの余剰発生点）を提示したのであった。

　次に菱沼は，梶井が牛馬小作について示した上記の農民的採算点を，農林省馬政局「馬産経済実態調査成績」（1937-41年，昭和12-16）を用いてより広く実証した[16]。同調査の中には，自家生産の飼料や敷料を市価によって現金評価すると，経営収支が赤字となる事例が数多く存在した[17]。菱沼はこれ

---

14) 牛馬小作とは，牛馬主が小作人に対して繁殖用牛馬を貸与し，その生産犢駒の売却代を両者間で折半する制度のこと。
15) 梶井功「牧野経済論」（同『畜産の展開と土地利用』梶井功著作集第6巻，筑波書房，1988年，初出は近藤康男編『牧野の研究』東京大学出版会，1959年），以下の引用は同書，p. 64より。
16) 菱沼達也『日本畜産論 ―― 農家の経営条件と畜産形態』農山漁村文化協会，1962年，第2部第1章第2節。
17)「この調査の企画者（近藤康男を指すと思われる，引用者）が軍馬政策に対する抵抗として，馬の生産費を確保すること ―― 例えば麦を飼料とすることが麦自体として売却するよりも不利であることを拒否する意味において ―― を期していただろう」（同

を，自家労働支出を計上しない形で再計算し，その場合には馬産の反当所得が耕種農業のそれを上回っていたことを示したのである。

以上の研究史を要約すると，①戦前の畜産は農家経営内において耕種と一体化した形で行なわれたため，そのあり方については農家経営全体で検討する必要がある，②その際，現金収支を採算点とする小生産農民の場合には，自給経済部分を含んだ簿記計算上で赤字であっても，畜産を行なうことに経営的意義があったことが発見された，といえよう。この2点は，戦前畜産業を扱う上で極めて重要な論点といえる。しかし上記の先行研究には，次のような問題点も指摘される。

1つはそれらの分析が，戦時期を対象とした静態的観察に留まっていることである。戦時期には，限られた馬資源を軍・農の間でどのように配分するか，が専らの問題とされた。一方，それ以前の時期には，農馬としては過剰であっても軍馬資源として必要な馬頭数をいかに維持するか，が主な問題とされていた[18]。同じ馬の「量」が問題とされても，そのあり方は戦時とそれ以前で大きく異なったのである。また戦時期には，馬匹改良という馬の「質」をめぐる問題が大きく後退していた。馬匹改良の進展によって，同時期には軍用資格を満たした馬の数が大幅に増加していたからである。こうした戦前期との違いを考慮しないまま，戦時期の分析だけをもって近代産馬業の全体像とすることは出来ない。戦時以前における馬の「量」・「質」に関する問題については，当該期を対象として新たに考察する必要があろう。

もう1つは，産馬業に与えた軍や馬政の影響が十分に検討されていないことである。この研究背景として，戦時中の研究（近藤）に関しては，軍部批判につながる可能性があり，そうした点に踏み込めなかったこと，戦後の研

---

書，p. 221）
18) 第一次馬政計画期における総馬数の最大が159万頭（1923年）であったのに対し，戦後の最大は111万頭（1952年）に過ぎない。この間に農業条件が大きく変化しているので単純に比較は出来ないが，両者の差は産業的に過剰であっても，軍馬資源として半ば強制的に飼養されていた分とみなすことも出来る。

究（梶井・菱沼）に関しては，終戦時に馬に関する資料が喪失・散在してしまい，それを用いることが出来なかったこと，などがあった。「馬」の場合には，軍や行政（馬政）からの圧力が，戦時中の熾烈さも然ることながら，平時においても強力であったことが，他の農林水産物にない大きな特徴であった。現在では戦前資料の発掘が進んでおり，上記の影響については戦時・平時ともに改めて検討されるべきであろう。

　以上のような馬産に関する研究は，1960年代以降にはほとんど姿を消し，畜産史研究の対象は，用畜としての牛が大部分を占めるようになった。その理由として，軍馬需要の喪失という点で戦前・戦後の断絶性が強かったことに加え，残された農馬需要も農業機械化によって消滅し，現状分析との繋がりが小さくなったことなどがあげられる。しかし上記の論点について，また後述する農業史研究と軍事史研究を結ぶ接点として，「馬」は再び研究対象として取り上げるべきものと考えられる。

　一方，近年では戦前の競馬史研究が盛んとなっている。その中では，陸軍が軍用適格馬を選定するための競馬施行を要求したのに対し，実際に行なわれたのは娯楽要素の強いスピード重視の競馬であり，「軍馬育成に直接資するものではなかった」ことなどが指摘されている[19]。ここで注意すべきは，戦前の国内馬に占める競走馬の割合は僅か1％程度に過ぎず，また競走馬種のサラブレッド種やアラブ種は，他用途の馬の改良とほぼ無縁であったことである。すなわち戦前産馬業の中で競走馬産業は極めて狭小かつ独立した部門だったのであるが，競馬史研究の中ではそうした特殊性が考慮されず，「「改良増殖」の部分で最も大衆とのかかわりが強いものは「競馬」であった」[20]というように，競走馬が戦前の「馬」の代表として語られてしまって

---

19) 杉本竜「日本陸軍と馬匹問題―軍馬資源保護法の成立に関して」『立命館大学人文科学研究所紀要』第82号，2003年12月，p. 112。
20) 同上，p. 84。競走馬産業と陸軍の軍馬政策との関わりについては，前者の財政的役割に注目すべきであろう。競馬法が施行されたのは，軍縮によって陸軍省馬政局が解体されたのと同じ年（1923年）であった。このことから，競馬施行による納付金歳入

いる。馬匹改良進展の全貌をみるためには、国内馬の大多数を占めた農馬や運搬馬を対象とする必要があろう。

## 2) 農業史研究

　従来の近代農業史研究では、稲作農業が分析の主軸とされてきた。しかし稲作農業を行なう上で重要な労働力であった「馬」に関しては、これまで直接の分析対象として取り上げられていない。また農業団体に関する研究では産業組合や農会の分析が中心とされ、それらと全く別系譜で設立された「馬」の生産者団体（産牛馬組合・畜産組合）については実態が解明されてこなかった。こうした点に留意しつつ、従来の研究の中から馬に関する論点を抽出すると、次の3つがあげられる。

　第一に、軍主導による馬匹改良と農馬の利用、特に馬耕の普及との関わりが注目される。近代における馬耕普及の主たる舞台は、東北地方であった。東北地方は九州地方とともに国内でも馬飼養頭数の多い地域であったが、その利用は明治期に入るまで代掻きや駄載運搬といった軽度なものに留められ、馬耕はほとんど行なわれていなかった。これに対し、明治初期に北九州地方より「乾田馬耕」農法が導入されたことで、東北地方における牛馬耕（大部分は馬耕）の普及率はほぼ0％の状態から1935年（昭和10）には田67.0％・畑18.0％（東北6県）にまで上昇したのである。注目すべきは、この馬耕普及の時期が馬匹改良によって農馬が大型化された時期と重なっていることである。両者の間にはどのような関連性があったのか。この点について、従来の研究の中には次のように正反対の見解がみられる。

　まず菊地昌典は、馬匹改良による農馬の高コスト化が、以下の理由によって馬を飼養する農家に不利益をもたらしたと指摘している[21]。「水田農耕体

が馬政予算の減少を補う役割を果たしたと考えられるからである。
21) 菊地昌典「農民的牛馬飼育の存在形態」（栗原藤七郎編、前掲書、第2章）、以下の引

系下における牛馬の役割」は第一に畜耕にあり，運搬や厩肥生産といった利用は副次的に過ぎなかった。その畜耕の利用日数は年間僅か30日に過ぎず，この耕種部門に結合した「点的作業」を維持するために年間を通じた「線的な飼育作業」が不可欠であり，この矛盾を解消するためには牛馬の「再生産費用の低減」，すなわち小型で安価な農馬が求められた。こうした農馬として求められた条件に，馬匹改良は逆行していたというものである。

これに対し，河野通明は，馬匹改良による農馬の大型化が馬耕の普及に貢献したと述べている[22]。馬耕の普及期に開発された近代短床犂には，深耕を行なうために在来犂以上の大きな牽引力が必要とされた。そうした近代短床犂の普及は，「軍事目的からのエンジン部分の改良の波及効果を被っていた」[23]，すなわち軍馬を主眼とした馬匹改良によって近代短床犂に必要とされた牽引力の増大がもたらされたというものである[24]。

両者の違いは，菊地が高コスト化という経済性を焦点としたのに対し，河野は大型化による深耕という技術性[25]を焦点としたことによると整理されよう。同時に菊地は技術性を，河野は経済性を十分にみていないという欠点も指摘出来る。上記2つの視点はどちらも馬匹改良と農馬の利用との関係をみる上で欠かせないものであるが，本書で重視したいのは，両者の側面が交錯する中で，実際に馬を飼養した農家がどのような経営判断を行ない，またい

---

用は同書，pp. 41-45。
22) 河野通明『日本農耕具史の基礎的研究』和泉書院，1994年，第10章。
23) 同書，p. 547。
24) この河野説には，疑問の残る点がある。馬耕技術の先進地であった北九州地方で用いられていた農馬は馬匹改良以前の在来馬であり，それは東北地方の在来馬よりも一層小型なものであった。また管見の限り，農民自身が馬匹に対する馬匹改良の積極的効果を評価した資料は見当たらない。これらのことから，在来馬であっても深耕に必要な牽引力を得ることは可能であったと考えられるのである。
25) 無論，河野の指摘したような技術性の問題（馬耕を行ない得るか否か）も，最終的に生産物が収穫される段階において経済性の問題（単収の上下）に還元される。ここでは耕起作業を行なう段階の問題として捉えられたい。本論において馬耕の「経済性」「技術性」という場合には，以下同様である。

かなる現実的選択を迫られたのか，という点である．また馬産が行なわれた場合には，その影響も合わせて検討する必要があろう．

　第二に，軍と農との結びつきという点では，1930年代の農業恐慌期に行なわれた時局匡救事業，特に経済更生計画（運動）に関する研究に注目される．例えば高橋泰隆は，経済更生計画の一環として行なわれた満洲農業移民が，農村内の階級矛盾を対外的に解消しようとした点で侵略主義的な性格を帯びていたと述べた[26]．また森武麿は，同じく経済更生計画による農村再編を通じて，新たな農業生産の中核的担い手として中農層が国家により養成・掌握され，総力戦・侵略戦争を遂行する基盤（日本ファシズム）が形成されたとしている[27]．どちらも，時局匡救事業を媒介として軍と農が結合する過程を論じたものといえよう．

　しかしそうした先行研究の中では，「馬」に関する時局匡救事業について，その実態や効果が明らかにされてこなかった．東北地方の馬産は，副業機会の少ない同地方農家にとって貴重な現金収入源であり，またその危機は軍馬資源確保という点で陸軍の焦慮するところであった．したがって「馬」に関する時局匡救事業は，軍・農の双方にとって大きな意味があったと考えられる．また同時期の陸軍による軍馬購買事業も，農民救済という点で時局匡救事業と同様の役割を果たしたと思われる．本書ではこの2つの「馬」に関する事業の分析を通じて，先行研究で示された形とは異なる軍・農の結合関係を提示したい．

　第三に，近年進められている戦前の農林資源開発に関する研究の中では，戦時体制下において「あらゆる農産物の軍需資源化」[28]が進展したとされて

---

26) 高橋泰隆「日本ファシズムと満州分村移民の展開 ── 長野県読書村の分析を中心に」（満州移民史研究会編『日本帝国主義下の満州移民』龍渓書舎，1976年，第4章）．
27) 森武麿『戦時日本農村社会の研究』東京大学出版会，1999年，第1章．
28) 野田公夫「日本における農林資源開発 ── 農林生産構造変革なき総力戦」（同編著『農林資源開発の世紀─「資源化」と総力戦体制の比較史─』農林資源開発史論I，京都大学学術出版会，2013年，第1章）p. 53．

いる。これに対し，本書で対象とする「馬」は，先述のような馬匹改良によって最も早期より「軍需資源化」された事例として位置づけられよう。また戦時統制に関しては，戦時という非常時においてすら単なる政治的強制は不可能であり，「価格インセンティブ」をはじめとする種々の経済的利益誘導を利用しなければ実行出来なかったと指摘されている[29]。この点で，前掲した陸軍の軍馬購買事業は，「価格インセンティブ」を利用した統制の先行的事例と見なすことが出来よう。以上の点を中心に，本論では戦時統制と比較しながら，平時における農産物資源（馬資源）政策のあり方を考察したい。

### 3）軍事史研究

　冒頭で述べたように，近代の「馬」は陸軍の軍馬需要に強く影響されていた。しかし軍事史研究の中では，馬を対象としたものがこれまで行なわれてこなかった。そうした中，日露戦争時（1904-05年，明治37-38）の軍馬徴発・購買について論じた大江志乃夫の研究[30]は注目に値する。同氏の研究は，かつてない消耗戦・長期戦となった日露戦争時には第一次世界大戦に先駆けて「総力戦的様相」が登場した，またそうした状況下で形成された「戦時国内体制」が戦後に恒久化されたことによって日本の軍国主義が確立された，というものであった。その中で馬に関しては，大量の軍馬動員（約16万頭）が国内農業・運搬業に支障を生じさせ，またそれを受けて平戦両時を通じた長期的な軍馬政策（第一次馬政計画）が策定されるに至ったと述べている。「総力戦的様相」を強く表わした事例として，馬が取り上げられているのである。

　しかし第一次世界大戦以降の総力戦体制に関する研究の中では，馬を対象

---

29) 戦時の「価格インセンティブ」の例としては，米価の引上げや青果物の価格弾力化などがあげられている（玉真之介「戦時食糧問題と農産物配給統制」，戦後日本の食料・農業・農村編集委員会編『戦時体制期』農林統計協会，2003年，第3章，pp. 169-204）。

30) 大江志乃夫『日露戦争の軍事史的研究』岩波書店，1976年，pp. 449-460。

とした分析が行なわれていない。それは、「軍馬」の指す意味が平時と戦時で異なることが見過ごされてきたためと考えられる。平時の陸軍は、常備軍に必要とされる軍馬頭数のみを維持していた。一方、戦時にはそれを大幅に上回る軍馬が必要とされ、その確保には民間馬の徴発が不可欠であった。両者は全く別の軍馬需要のあり方であり、前者の減少は必ずしも後者の減少を意味しないのであるが、従来の研究の中では2つが混同されているのである。本書ではこうした混乱を避けるため、前者を「平時軍馬需要」、後者を「戦時軍馬需要」と書き分けることにしたい（以下、括弧略）。

　上記2つの軍馬需要の違いは、陸軍の軍縮および近代化に関する議論とも関連する。第一次世界大戦後の陸軍軍縮（1922-25年、大正11-14）に関しては、常備軍の縮小によって浮いた軍事費を兵装の機械化・近代化に投下した「軍縮に名をかりた軍の合理化近代化政策」であったという評価が一般的となっている[31]。そうした見かけ上の軍縮の中、平時軍馬需要に関しては部隊保管馬1万9千頭の削減、陸軍省馬政局の廃止、軍馬補充部の整理といった目にみえる形で規模が縮小された。ただし上述のように、それらは必ずしも陸軍近代化の過程において戦時軍馬需要が減少したことを示さない。後のアジア・太平洋戦争に日清・日露戦争よりはるかに多くの軍馬が動員されたことを考慮すれば、むしろ日本では陸軍近代化と並行して戦時軍馬需要が増加したとも考えられる。こうした点も含め、軍縮およびその背後にあった陸軍近代化と軍馬の関係については、平時軍馬需要と戦時軍馬需要を区分して再検討する必要があろう。

　また実際に総力戦となったアジア・太平洋戦争に関して、従来の研究では対英米戦争が主たる分析対象とされ、対中戦争についてはその期間や規模に見合った研究蓄積が行なわれてこなかった。しかし近年では後者の再検討が盛んに行なわれ、その中では自動車が輸送の大部分を担ったヨーロッパ戦線

---

31) 藤原彰『日本軍制史』上巻戦前篇、日本評論社、1987年、pp. 170-171。

とは異なり、悪路の多い中国戦線では軍馬の役割が依然として大きかったことが指摘されている（写真序-2）[32]。ただしそれらの研究では、戦場における軍馬の様相のみが描かれ、50万頭にも及んだ軍馬の動員がどのように実現されたのかについて検討されていない。軍馬の動員には種付から育成まで5年以上を要したため、平時より継続的な資源政策を行なう必要があった。この点を考慮すると、戦時下の軍馬動員に関しては、戦時以前における軍馬資源政策のあり方を分析する必要があろう[33]。

以上のように、軍事史研究の中において馬（軍馬）は、総力戦体制の構築・軍縮・陸軍近代化といった論点が集中的に示された事例として注目される。また第一次世界大戦を直接経験しなかった日本では、装備近代化の必要性が論じられつつも、それが十分に進まないままにアジア・太平洋戦争へと突入することとなった。軍馬は、こうした陸軍近代化の捻じれを象徴する存在であったとも捉えられよう。

## 第3節　近代産馬業の統一的把握 ── 課題と方法

### 1) 軍・農・馬政の動態と相互関係 ── 本書の課題

前節でみた近代の「馬」に関する先行研究の問題点を再整理する。第一に

---

32) 山田朗「兵士たちの日中戦争」（吉田裕ほか『戦場の諸相』岩波講座アジア・太平洋戦争第5巻, 岩波書店, 2006年）pp. 38-42。

33) 近年では、軍馬碑の設置数やそれに刻まれた文章の分析を通じて、民衆にとっての軍馬や戦争の意味の変化について論じた森田敏彦の研究がある（同『戦場に征った馬たち ── 軍馬碑からみた日本の戦争』清風堂書店, 2011年）。また戦場における軍馬の実状をとりまとめた書籍も発刊されており（土井全二郎『軍馬の戦争 ── 戦場を駆けた日本軍馬と兵士の物語』光人社, 2012年), 軍馬に関する研究が増えつつある現状にある。

序章　軍馬となった日本の馬　19

**写真序-2　中国戦線における軍馬**
上：豪雨で増水した河川を渡る様子。下：途絶した崖道を補修しつつ通過する様子。こうした場所では自動車の運用が不可能であり，依然として軍馬による移動・輸送が必要とされた。
出典：『山西作戦写真資料（野砲第 108 連隊）昭和 13.2〜13.10』（防衛研究所所蔵，支那―写真-19）。

畜産史研究においては，戦時期の静態的観察に留まり，それ以前の動態，すなわち軍馬を主眼とした馬匹改良が農からの抵抗を抑えつつ実現された過程について分析されてこなかった。第二に農業史研究においては，そうした馬匹改良の進展と農馬の利用との相互関係について，経済的視点・技術的視点に分けて考察されてきたため，両者を総合した分析が必要とされている。また軍と農との結びつきという点で，農業恐慌下において時局匡救事業の果した役割や，戦時体制下における「農産物の軍需資源化」といった論点が示されているにも関わらず，「馬」を対象とした研究は行なわれていない。第三に軍事史研究に関していえば，馬（軍馬）は陸軍の軍縮・近代化，あるいは総力戦体制構築と密接な関係にあったものの，分析対象として取り上げられずにいる。最後に以上の3領域に共通し，また最も重要な問題点として，馬の生産や利用，軍事といった側面が別々に検討され，それらの相互関係について十分に論じられていないことがある。こうした研究状況を克服するためには，上記のような個々の研究領域の枠組みに捉られず，それらを統一的に把握して近代における「馬」の全体像を描き出すことが必要であろう[34]。

　以上の点をふまえ，本論では近代の「馬」に関係するアクターとして，冒頭で述べた軍・農（生産と利用）・馬政の3者に注目する。その上で軍と農との対抗関係を中心としつつ，両者の間に入った馬政を含めた3者の相互関係

---

[34] このことは，1963年刊行の『続日本馬政史』によせられた村上龍太郎（農林省畜産局長1931-32年，馬政局長官1937年）の言葉に集約されている。「馬政史は馬事だけから考えられるべきではなく，本書に集録せられた資料の生れ出ずるに至った社会的・経済的背景殊に，大正，昭和時代にあっては国際的，軍事的視野から観察し，馬事が時代の流れと共に如何に動いたか，更に又此時代における農林の事情，特に馬産地の変化など馬政の背景を併せて考察しなければならず，こうした時代における政府の施策や軍馬政策や競馬の馬政に与えた広い見地からの影響なども採り上げなければならぬ。しかし，これらは更に他日の研究にまつことにし，後年になって資料の散逸することないよう資料の蒐集に重点をおいて，他日の研究に資することとした。」（神翁顕彰会編『続日本馬政史』第1巻，農山漁村文化協会，1963年，はじめに）

を動態的に描き出したい。具体的には，以下2つの課題を設定する。

　第一の課題は，軍・農・馬政の3者について，それぞれの時期的変化を明らかにすることである。変化のターニングポイントとして，軍にあっては第一次世界大戦後の軍縮や総力戦体制の構築，農にあっては馬耕の普及や商品経済の浸透，馬政にあっては陸軍省・農林省（農商務省）間における主管の移動などがあげられよう。それらを焦点として，軍馬需要，農民による馬の生産と利用，馬政の重点がどのように変化したのかについて考察する。以上の分析を通じて，従来固定的に捉えられてきた軍の要求＝軍馬資源の確保，農の要求＝安価な役畜の確保といったイメージとは異なり，実際にはそれらが時期・条件の違いに応じて絶えず揺れ動いていた様子を描き出したい。

　第二の課題は，上記3者の相互関係を明らかにすることである。その整理の方向は，軍馬資源を確保しようとする軍の意向が馬政制度上へどのように反映され，またその制度が農家の馬生産・利用にいかなる影響を及ぼしたのか，あるいはその反対に，馬を飼養する農家の実態が産馬政策の施行にどのような制約を与え，またそのことが軍の軍馬資源構想にいかなる限界性をもたせたのか，という2つが中心となるだろう。

　以上の2つの分析をもとに，近代産馬業全体の枠組み── 軍・農・馬政の3者関係 ──を立体的に提示する。またそのことを通じて，近代日本における農業および農家経営が「馬」を媒介として終始，軍の強い影響下にあったことを示したい。

　分析対象期には，上述の先行研究をふまえ，第一次馬政計画期（第一期1906-23年，第二期1924-35年）を取り上げる。同時期は，軍馬に主眼を置いた馬匹改良が急速に進展した時期であった（前掲，図序-1）。その一方で，第一次世界大戦への局地的参戦やシベリア出兵，満州事変などはあったものの，徴発による軍馬動員が実施されていない時期でもあった。すなわち軍馬が直ちに必要とされない平時であったにも関わらず，戦時に向けた馬匹改良が強行されたのである。この矛盾は，農の側に対して馬価格の上昇という「質」

の問題を生じさせるとともに，またそれによる馬頭数の減少が，軍の側に対して軍馬資源の維持という「量」の問題を引き起こすこととなった。従来の研究では，戦時体制期における馬頭数の不足という「量」の問題のみが強調されてきたが，上記のような戦時以前における「量」・「質」の問題も，近代産馬業に関する重要な論点といえよう。

また分析対象地には，東北地方を取り上げる。同地方は，当時の国内馬産の中心地であり，それゆえに明治初期より馬匹改良政策が重点的に実施されて，馬匹改良が最も早期かつ急激に進展した地域であった。同時に東北地方は，最大の馬使役地でもあった。同地方では農家経営を行なう上で馬が不可欠とされ，軍用に改良された馬が経済的に不利であっても他の役畜（牛）に代替することが困難であった。また上記の馬匹改良と並行し，馬耕の普及という大きな使役面の変化がみられた。こうしたことから，東北地方は生産面では馬匹改良政策の影響を最も強く受け，また使役面では軍・農の対立や矛盾が最も鋭く表われた地域であったと考えられるのである。

## 2) 資料と方法

本書の方法は，統計資料と文献資料の分析を中心とする。前述の問題意識から，また先行研究の少なさや資料の残存状況を考慮して，馬に関する文献を二次資料（雑誌・新聞など）も含めて蒐集し，それから近代産馬業に関する論点を出来るだけ多く取り上げることに努めた。主に用いた資料群として，次の3種があげられる。

第一に，馬の生産者団体の資料として，産馬組合・畜産組合[35]の要覧や事業報告書を取り上げる。それらの組合が開催した2歳駒セリ市場には，馬産

---

[35] 戦前の馬産に関する民間団体は，明治中期までは各地方庁による規則，1900年以降は産牛馬組合法，1915年以降は畜産組合法，1944年以降は馬匹組合法によって設置されており，耕種農業を主とした産業組合・農会とは全く別の系譜にあった。

農家が販売者として，陸軍が購買者（軍馬購買）として，それぞれ参加していた。すなわち産馬組合や畜産組合は，馬産農家と陸軍が直接対峙する場として機能していたのである。このため上記の組合資料からは，馬産農家と陸軍双方の動向を読み取ることが出来よう。

　第二に，馬の利用者団体の資料として，東北各県の『農会報』を取り上げる。農会は馬の利用者のみの団体ではなかったが，馬地帯であった東北地方の『農会報』の中には馬の利用に関する記事が多くみられる。ただしその量は県によってバラつきがあり，特に多かったのは秋田県，少なかったのは宮城県・福島県であった。また他の資料と異なり，農民自身による寄稿がみられるという利点も存在する。

　第三に，陸軍や馬政当局の意向をみる資料として，帝国馬匹協会の発行した『馬の世界』誌を取り上げる。帝国馬匹協会は，陸軍省馬政局が解体された後の1926年（大正15），馬政規模の縮小を補うための民間団体として設置された。こうした経緯から同会の機関誌であった『馬の世界』には陸軍関係者や馬政当事者，農林・畜産技師などといった幅広い層の論者から記事が寄せられおり，各者の見解を比較することが出来る。

　この他に，陸軍省と農林省の馬に関する認識の違いについては各馬政諮問委員会の議事録，農村現場における馬の生産・利用実態については農林省畜産局や帝国馬匹協会が行なった各種の馬産経済調査などを利用した。

　また本書の限定性について，あらかじめ言及しておきたい。

　上述のように，本書の主眼は軍・農・馬政の3者の分析を通じて，近代産馬業全体の枠組みを提示することにある。それゆえ郡・町村・部落単位における地域差や，農家経営単位の分析など，細かな実証や実態分析を欠いた感は否めない。ただしそうした研究は，全体を俯瞰する視点があってこそ，初めて研究史上の位置づけが可能となろう。従来の馬に関する研究には上記の視点が欠落しており，本書の意義はそれを構築することにある。

　また本書では，近代産馬業に関する大きな論点である牧野問題と馬小作制

度の2つを，直接の分析対象として取り上げない。牧野の慢性的な不足については多くの先行研究が指摘するところであるが，その実態を正確に把握することは極めて難しい。牧野に関する統計資料が存在しても，その中には無許可による官有林野の利用や，耕地の畦畔部分の利用などが計上されていないからである。このことから，本書では牧野の不足自体は与件として扱うこととし，それが馬を飼う農家にどのような対応を迫ったのかを描き出すことに重点を置きたい。また馬小作制度は，北陸・東北地方に広くみられた慣行であったが，それを行なった農家は馬飼養戸数全体の20％程度であった[36]。この割合は決して無視出来るものではないが，同時にそれによらない馬飼養戸の方が多かったことも事実である。同制度に関しては，比較的多くの先行研究が存在しているため[37]，本書では他の論点と交錯する場合のみ言及するに留めた。

## 3） 本書の構成

　上記の課題について，本書では分析の基軸として馬政（馬政制度や馬政計画）を取り上げる。先述のように馬政は軍と農の対立を調整する立場にあったため，その変遷自体が馬に関する様々な社会的条件・経済的条件の変化を反映していたと考えられるからである。具体的な構成は，以下の通りである。

　まず第1章では，近代産馬業に関する時期区分を行なうとともに，その中における東北地方の特徴について論じる。前者の中では，上記の通り馬政主管や馬政計画の変遷にもとづいて整理を行ない，本書で対象とする第一次馬政計画期の特徴を明らかにする。後者の中では，全国産馬業に占めた東北地

---

36) 馬政局『岩手県に於ける馬小作に関する調査』馬産経済実態調査特別報告第1輯，1938年，p.5。
37) 上記『岩手県に於ける馬小作に関する調査』のほか，栗原藤七郎「馬小作の概要」（農林省畜産局編『畜産発達史』別篇，中央公論事業出版，1967年，第5章第2節）などがあげられる。

方の位置や，同地方各県の特徴と変化について考察する。以上によって，第一次馬政計画期における東北産馬業の概要をあらかじめ示し，第2章以降の各論に入る準備としたい。

次に第2章と第3章では，第一次馬政計画第一期（1906-23年，明治39-大正12）において，軍馬に主眼を置いた馬匹改良政策がどのように生産部門（馬産農家）を掌握していったのかについて論じる。生産部門に焦点を当てたのは，同時期の産馬政策では馬匹改良の第一段階として，生産部門をその方向へ誘導することに力点が置かれていたからである。まず第2章では，東北地方における先進馬産地であった青森県上北郡を対象とし，そこで展開された馬匹改良政策の具体的内容と，馬産農家に与えた影響について考察する。一方，第3章では，その馬匹改良政策が破綻した局面として，大正好況期の秋田県にみられた重種系馬の生産流行を取り上げ，その背景や条件を明らかにする。

第4章と第5章では，同計画第二期（1924-35年，大正13-昭和10）を対象として，馬をめぐる軍と農との対立の具体的様相を，同時期に高まりをみせた農家の経営収支改善要求に視点を置いて明らかにする。またその際には，農家経営内における馬の生産部門と使役部門に分けて検討する。馬匹改良は馬政計画第一期に一通りの成果をあげ，第二期にはその改良された馬をいかに維持するかが新たな馬政課題とされた。そのため同時期には，生産部門のみならず使役部門に対しても，様々な産馬政策が展開されていったからである。第4章では使役部門を対象として，軍と農の要求の違いがいかに解消を図られ，またその政策が使役農家にどのように受け止められたのかについて論じる。第5章では生産部門を対象として，軍縮下の1920年代と恐慌・冷害・満洲事変下の1930年代との間で，軍と東北馬産の関係がどのように変化したのかを明らかにする。

最後に補章として，第一次馬政計画期における馬の保護奨励政策の1つであった馬匹共進会制度について検討する。その分析を通じて，馬匹改良政策

が国内馬全体の軍馬資源化を目標としたにも関わらず，保護奨励の対象がごく一部の馬飼養農家に限定されていたという矛盾を描き出したい。

## 4）本書における用語

　序章の終わりとして，本書で頻繁に使う用語についてあらかじめ説明しておきたい。

①改良馬／小格馬

　戦前の獣医学者であった柳沢銀蔵は，改良の程度や体格の大きさを基準として，当時の日本馬を「改良馬」と「農馬」に区分している[38]。前者は体高 1.50 m を中心とし，「馬の力量，速力共にその本能を十分に発揮し得べき，国家的産馬」のことで，平時における主な使役用途は都市部における交通・運搬（荷馬車）などであった。一方，後者は体高 1.20 m を中心とし，「改良を加へたる程度は皆無か乃至は軽微」であり，「現在の穀菽専門農業」の役務に適した小型馬とされた。ただしこの区分では，農耕用に飼養された「改良馬」を示す場合に支障があるため，本書では次のように，「改良馬」と「小格馬」という表記を使い分ける。まず「改良馬」とは，3-4 回雑種[39] 程度まで改良が進められた馬のことを指す。その体高は 1.50 m を中心として 1.45-1.55 m 程度であり，概ね軍馬資格[40]を満たすものであった。また「小

---

38) 柳沢銀蔵（獣医学博士）「本邦造馬に対する将来の整理に就て」『馬の世界』第 10 巻第 7 号，1930 年 7 月。
39) 在来種に対して洋種を n 回交配して生産された雑種のことを，n 回雑種と呼ぶ。すなわち在来種（洋種血量 0％）と洋種（同 100％）による生産馬は 1 回雑種（同 50％），1 回雑種と洋種による生産馬は 2 回雑種（同 75％），2 回雑種と洋種による生産馬は 3 回雑種（同 87.5％）など。雑種同士を交配した場合も，その洋種血量によって上記のように区分される。
40) 軍馬の体高基準は時期によって多少異なるが，例えば，軍馬管理規則（1923 年 3 月 30 日陸達 13）第 3 条 5 号では乗馬 1.45-1.58 m，輓馬 1.45-1.60 m，駄馬 1.40-1.52 m

格馬」とは，在来種あるいは雑種の中でも退却雑種[41]のように改良の程度が軽微な馬のことを指す．その体高は 1.30 m を中心として，1.25-1.45 m 程度であった（以下，括弧略）．

②軽種／中間種／重種〔写真序-3〕

　役種の点から洋雑種馬を区別する場合には，軽種・重種・中間種の３つに分けられる．まず軽種とは，軽快で速力に富む乗用馬種のことであり，代表的馬種としてアラブ種・アングロアラブ種・サラブレッド種などがあげられる．戦前の国内需要は，上流階級の乗馬や，陸軍の騎兵用馬，競走馬などに限られていた．次に重種とは，重厚で力量に富む重輓馬種[42]のことであり，ペルシュロン種・クライデスデール種・ブラバンソン種などがこれに該当する．欧米原産地では農耕・運搬用とされていたが，零細農業経営の多い日本では農馬として過大とされ（北海道を除く），都市運搬馬としての利用が中心であった．最後に中間種とは，軽種と重種の中間的性格をもつ汎用馬種のことであり，軽輓馬・小格輓馬・駄馬として利用された．その主な品種は，アングロノルマン種・ハクニー種・トロッター種などである．東北以南の農馬需要では，1頭であらゆる作業を行なう必要があったため，農業技術的には上記３つのうち中間種が最も適するとされた．また第一次世界大戦以降の軍馬需要では，速力に富む運搬馬が必要とされたため，同じく中間種が中心とされていった．軍と農の要求は，馬匹改良の方向性（馬種）という点では中間種で一致していたのである．ただし中間種の枠組みの中にあっても，軍馬を基準として大型化が進められた結果，農馬として許容し得ない価格上昇が

---

　　とされていた（神翁顕彰会編，前掲書，p. 671）．
41）退却雑種とは，1回雑種未満すなわち洋種血量が 50% 未満で在来種血量の方が多い雑種のこと．
42）輓馬とは，荷車や駕車などを牽引する運搬馬のこと．その中でも，重輓馬とは重厚な体型で強大な牽引力を有するもの，軽輓馬とはそれよりも細身で速力があるものを指す．また後述の駄馬とは，馬の背中に荷物を載せて運ぶ運搬馬のこと．

引き起こされた。馬匹改良をめぐる軍と農との対立点は，その方向ではなく程度にあったのである。

③馬産農家／使役農家／育成農家（馬産地／育成地／使役地）

　馬産農家については先に若干触れたが，ここでは他の馬の飼養形態も合わせて整理しておきたい。東北地方における馬の飼養農家は，馬産農家と使役農家に大別される。どちらでも畜力と厩肥の確保を目的として馬が飼養されていたが，前者では副業的に駒の生産・販売も行なわれた（役繁兼用）。特に副業機会に乏しい山間部の馬産農家では，生産馬の売却代が現金収入の多くを占めたとされる[43]。これに対し，後者は繁殖を行なわず，農事のみに馬を用いた農家のことを指す。ただし第1章でみるように，東北地方では牝馬の割合が圧倒的に高く，牡馬・騙馬[44]を飼養する純粋な使役農家は山形県平野部のような稲作地帯を除いてほとんど存在しなかった[45]。牝馬を飼養し，2歳駒セリ市場の動向に応じて馬産を行なうか否かを決定するというのが，東北地方における一般的な馬飼養農家の姿であったと思われる。また両者の中間形態として，育成農家があった。2歳馬を仕入れて，それを自家利用しつつ育成・調教し，5歳時に売却するという飼養形態である。馬産を行なうには牧野が乏しく，かつ使役に特化するには農耕利用機会が少ない場合にこうした飼養形態がとられた[46]。また馬産農家，使役農家，育成農家が集中して

---

43) 例えば，岩手県の代表的馬産地であった松尾村など（須永重光・菅野俊作『岩手県山麓における畜産業と牧野利用の経済構造 —— 岩手県松尾村調査報告』東北大学農学研究科農業経済研究室，1957年）。
44) 騙馬とは，去勢された馬のこと。馬匹去勢法の施行（1916年）により，種牡馬候補馬などを除いたすべての牡馬は，3歳時に去勢されることが義務づけられた。
45) 牝馬を飼養したからといって，必ずしも繁殖を行なったとは限らない。去勢が普及しない段階では，集団使用の便宜上から牝馬を用いた場合もあったとされる（菱沼達也，前掲書，p. 141）。
46) こうした特徴から，育成農家（育成地）に関しては，①販売を目的とするという点で馬産農家の延長とみなす見解と，②利用途中で売却せざるを得ないという点で「半人

**写真序-3** 軽種・中間種・重種の体型比較

上から順に，軽種（ハンガリー産アラブ種，オーバーヤン5の6号），中間種（フランス産アングロノルマン種，フイランカートル号），重種（フランス産ペルシュロン種，イレネー号）。いずれも1910年頃に馬政局によって輸入され，東北・北海道の種馬牧場や種馬所で国有種牡馬として繋養されたもの。
出典：神翁顕彰会編『続日本馬政史』第3巻，農山漁村文化協会，1963年，口絵。

存在した地域は，それぞれ馬産地，使役地，育成地と呼ばれている。

---

前の使役地」とみなす見解の2つが存在する。前者の例として，麓蛙生「産馬の側望（二）」『秋田県農会報』第197号，1928年10月，p. 38があげられる。後者については菱沼達也，前掲書，p. 207を参照。

第1章

# 第一次馬政計画期
(1906-35年)
の東北産馬業

第1章　第一次馬政計画期（1906-35年）の東北産馬業

本章では，第一次馬政計画期（1906-35年）における東北産馬業の概要を，以下3つの点から示す。第一に，近代産馬業の時期区分を行ない，その中における第一次馬政計画期の特徴を明らかにする。第二に，同計画期の統計資料を分析することで，馬匹改良（洋種血統の導入）の具体的な効果と影響，および全国産馬業に占めた東北地方の位置を確認する。第三に，東北地方における各県の産馬業の特徴と，それに大きな影響を及ぼした国・軍の産馬関連施設の設置について整理する。以上の作業を通じて，第2章からの各論でとり上げる論点を掲示したい。また本章の内容は，本書を読む上での基本知識をとりまとめたものであるため，次章から読み始めてもらっても構わない。

## 第1節　近代産馬業の時期区分

本節では，軍・農・馬政の三角関係にあった近代産馬業について時期区分を行ない，その中で本書が対象とする第一次馬政計画期がどのような特徴をもつ時期であったのかを明らかにする[1]。区分の基準には，馬政主管や馬政計画といった馬政面の変化を取り上げる。馬政は軍・農からの要求を調整する立場にあったため，その変遷には他の2者の変化が反映されていると考えられるからである。また各所で示すように，この時期区分は一般的な経済史・軍事史の区分と概ね対応している。

①馬政制度の揺籃期 ── 1868-93年（明治元-26）
明治初期から中期にかけては，近代国家としての政治体制が整備され始め，また同時にそれが目まぐるしく変化した時期であった。このことは馬政に関しても同様であり，馬政主管は民部省，大蔵省，内務省を転々とした後，

---

1) 以下，本節の記述は，主に帝国競馬協会編『日本馬政史』第4巻，1928年，および神翁顕彰会編『続日本馬政史』第1巻，農山漁村文化協会，1963年による。

1881年(明治14)に新設された農商務省農務局においてようやく定着した。軍事面においては、主にフランスを範とした近代軍隊が創設され、そこで用いる軍馬として在来馬よりも大型の馬が求められるようになった。ただしこの時期には実戦段階に至らなかったため、まだ馬匹改良は喫緊のものとされていない。一方、農事面においては、北九州地方の馬耕技術(明治農法)が全国各地に伝播され、それまで馬の使役が少なかった東北地方でも役畜としての重要性が高まっていった。後に衝突することとなる軍馬需要と農馬需要は、この時期にその基礎が形成されたのである。

②日清・日露戦争期 ── 1894-1905年(明治27-38)

日清戦争(1894-95年)は、近代日本が最初に経験した対外戦争であり、また日本帝国主義の端緒となった戦争でもあった。馬に関しては、同戦争に動員された軍馬の大部分が在来馬であったことから、その体格が軍用には小さ過ぎるという欠点が実戦で露呈されることとなった。このため戦後直ちに陸軍省と農商務省の共同によって馬匹改良政策が画策されたものの、その成果が上がる前に次の日露戦争(1904-05年)に突入している。ただし後の時期に本格化された馬匹改良政策の骨子が既にこの時期に出揃っていたことを、ここでは強調しておきたい。その骨子とは、馬政の究極的目標を「全国ノ馬皆軍馬」[2]とすること、馬匹改良の進め方は累進雑種法[3]によること、その実行手段として国有種牡馬を充実させること、などである。しかし、そうした馬匹改良政策に対して、農の側からの抵抗はまだほとんどみられない。馬匹改良は開始されたばかりであり、農業経営条件に応じて改良馬・在来馬を選択することが十分に可能であったためと考えられる。

---

2) 金子馬匹調査会長の「馬匹改良意見」、帝国競馬協会編、前掲書、p. 81。
3) 洋種同士を交配するのではなく、在来種に対して洋種・雑種種牡馬を代重ねすることによって洋種血統の割合を高めていく改良法のこと。

③第一次馬政計画第一期 —— 1906-23年（明治39-大正12）

　日露戦争には日清戦争より大量の軍馬が動員され，上記軍馬としての在来馬の欠点が一層痛感される結果となった（写真1-1）。また両戦争で獲得された植民地（台湾・朝鮮）を橋頭保として大陸での軍事行動が増加し，従来以上に多くの軍馬が必要とされるようになった。こうしたことから，馬匹改良による軍馬資源の充実は国防上の急務となり，それを眼目とした第一次馬政計画（第一期1906-23年，第二期1924-35年）が日露戦争後，直ちに開始されている。同計画期の中でも第一期は，軍の主導性が全面的に発揮された時期であった。馬政主管が陸軍省内（馬政局[4]，1910-23年）に置かれていたことが，それを端的に示している。またその軍主導による馬政の特徴として，馬産部門に政策の重点が置かれていたことがあげられる。軍馬資源を確保するためには，第一に馬産部門を馬匹改良に向かわせることが優先され，改良された馬の維持，すなわち利用部門に対する政策は二の次とされたのである。また②期から進展した部分として，国の馬匹改良施設が増設されたこと[5]，馬匹去勢法（1916年）や馬籍法（1922年）といった民間馬の管理体制が整備されたこと[6]などがあげられる。本時期における馬匹改良の進展は極めて急速であり，国内馬の半数に洋種血統を導入するという当初の目標に対し，実際にはそれを上回る79.1％の国内馬が洋雑種化されるに至った。そうした中にあっても，馬匹改良に対する農からの抵抗は，後の時期ほど活発化していない。馬政主管を掌握した軍が民間産馬業に対して多くの国家資本を投下したことによって，その抵抗が封じ込められていたものと思われる。

---

4) 1905-09年は，内閣総理大臣所属。
5) 第一次馬政計画の開始に伴い，国有種牡馬を生産する種馬牧場は2ヶ所から3ヶ所に，その国有種牡馬を民間の繁殖牝馬に対して供用する種馬所は9ヶ所から15ヶ所に増設された。
6) 前者は民間徴発馬の軍事利用を円滑に行なうため，後者は国内馬全体を軍馬資源として管理するためにそれぞれ制定されたものであった。

④第一次馬政計画第二期 —— 1924-35 年（大正 13-昭和 10）

　一般にいわれる戦間期（第一次世界大戦の終結から第二次世界大戦の開始まで，1919-39 年）とほぼ一致する。また軍事史的にみると，その前半は第一次世界大戦後の軍縮期，後半は満洲事変（1931 年）以降の準戦時体制期に相当する。前者の時期に行なわれた陸軍軍縮の影響は，馬政面にも及んだ。1923 年に陸軍省馬政局が解体され，馬政主管は新設の農商務省畜産局（1925 年より農林省畜産局）の中で一般畜産行政[7]と統合された。その結果，陸軍は馬政に直接介入出来なくなったのである。この時期の畜産局による馬政の特徴として，馬の利用部門に対する保護・奨励政策が開始されたことがあげられる。馬匹改良の進展が馬価格の上昇を引き起こしたため，それによる馬の飼養頭数の減少を食い止めることが必要とされたのである。軍馬資源として「質」が追求された結果，国内馬の減少という「量」の問題が新たに引き起こされたといえよう。それまで潜在していた馬をめぐる軍・農の対立が，一気に表面化した時期であった。

⑤第二次馬政計画・内地馬政計画期 —— 1936-45 年（昭和 11-20）

　日中戦争開始から敗戦に至るまでの期間，戦時体制期（1937-45 年）にほぼ相当する。戦時色の強まる 1936 年，第二次馬政計画（1936-65 年）が開始された[8]。その内容は前記の第一次計画第二期を継承するものであったが，時局を反映して馬政体制が強化されている。農林省の外局として馬政局が復活

---

7) 馬を除いた一般畜産行政の主管は，一貫して農林行政内に置かれた。その系譜を列記すれば，農商務省農務局畜産課（1898 年），農商務省畜産局（1923 年），農林省畜産局（1925 年），農商省農政局畜産課（1943 年）となる。馬政主管と一体化したことで局レベルに引き上げられ（畜産局時代），また再分離後に再び課レベルに降格されたことは，戦前農政の中における畜産行政の地位の低さとともに，その中で例外であった馬政の特殊性を表わしている。
8) 同計画の開始に合わせ，この時期には植民地と「満洲」でも軍馬資源の確保を主眼とした馬政計画が開始されている（朝鮮馬政第一期計画 1936 年，樺太馬政計画 1936 年，台湾馬政計画 1936 年，満洲馬改良計画 1933 年）。

第 1 章　第一次馬政計画期（1906-35 年）の東北産馬業 | 37

**写真 1-1　日露戦争時における軍馬**
日露戦争時において難路を進む野砲兵連隊の様子。馬の牽引力・頭数が不足して荷馬車を牽引できず，人が後ろから押していることが確認される。このように軍馬の不足が質（牽引力）・量（頭数）の両面において痛感されたことが，同戦争後に馬匹改良政策が本格的に開始される契機となった。
出典：大本営写真班撮影陸地測量部特許『日露戦役写真帖 第 4 巻 明治 37.10』小川一眞出版部，1905 年 1 月（防衛研究所所蔵，戦役―写真-6）。

し，馬政主管は再び一般畜産行政から切り離されたのである。しかし日中戦争の勃発（1937年）によって，同計画は改正を余儀なくされた。戦時軍馬需要が急増するとともに，大規模徴発による民間馬の不足が深刻となり，それらに対応した馬の戦時体制を確立する必要に迫られたためである。それが実現されたのは，1939年であった。上記の第二次馬政計画に代わって「軍所要ノ有能馬」の供給を主眼とした内地馬政計画が新たに樹立されると同時に，国内種牡馬のすべてを国有化する種馬統制法と，民間馬に軍用調教を施すための軍馬資源保護法が制定され，これらによって軍馬動員に全面特化した馬政体制が確立されたのである[9]。また同年に閣議決定された「日満ニ亘ル馬政国策」に基づいて，帝国全体での軍馬資源確保が図られるようになったことも，この時期の大きな特色であった[10]。こうした馬政体制の下，1943年には馬の生産頭数が戦前最大に達したものの（18.6万頭，戦前平均11.4万頭の約1.6倍），長期かつ大量の軍馬動員による国内馬資源の枯渇は避けられず，また戦時末期には外地との連携が断たれたことによって，上記の馬政体制は終戦を待たずに崩壊することとなった。

　以上，①の揺籃期を除いた4つの時期を，軍馬資源政策という観点から改めて分類すると，②日清・日露戦争期から④第一次馬政計画第二期までは，馬匹改良による軍馬資源の確保が推し進められた時期，⑤第二次馬政計画・内地馬政計画期は，その造成された軍馬資源が実際に戦争へ動員された時期，という2つに大きく分けられる。本書で対象とする第一次馬政計画期（③④）は，前者の大部分に相当する。またこれを更に色分けすると，③第一

---

9) ただし太平洋戦争期には軍馬の利用が少ない南方・南洋地域が主戦場となり，また末期には制海権・制空権の喪失から中国戦線への軍馬の輸送が困難となったため，終戦以前の段階で軍馬需要は既に減退し，馬政の主眼は産業馬（農馬・運搬馬）に移行していたと考えられる。
10) この点については，拙稿「日満間における馬資源移動 —— 満洲移植馬事業 1939-44 年」（野田公夫編『日本帝国圏の農林資源開発 ——「資源化」と総力戦体制の東アジア』農林資源開発史論Ⅱ，京都大学学術出版会，2013年，第3章）を参照されたい。

次馬政計画第一期は軍主導によって急速な馬匹改良が強行された時期であり，④同計画第二期はそのしわ寄せとして馬の質（価格の上昇）・量（頭数の減少）の双方が軍・農の間で問題となった時期であったと捉えられる。

## 第2節　統計でみる第一次馬政計画期

次に統計資料を用いて，第一次馬政計画期（1906-35年）の馬匹改良が国内馬の体格と価格に与えた影響，及び同時期の全国産馬業に占めた東北地方の位置について検討する。後者については，東北地方と同様に馬頭数が多かった九州地方および北海道との比較を中心としたい。

### 1）馬匹改良の進展

序章でみたように（前掲，図序-1），第一次馬政計画期には馬匹改良（洋種血統の導入）が急速に進展し，1935年には国内馬の96.6％が洋雑種化されるまでに至った。ここではそうした馬匹改良がもたらした影響を，次の2つの指標から確認したい。

第一に，馬匹改良によって日本馬がどれだけ大型化したのかをみるものとして，地方馬馬体測定の結果をあげた（表1-1）。まず洋雑種化が顕著であった馬政計画第一期（1906-23年）には，体高4尺以上4尺5寸未満（1.21 m以上1.36 m未満）が大きく減少した一方，4尺5寸以上が急激に増加しており，ここに馬匹改良による大型化の様子をみることが出来る。また同計画第二期（1924-35年）には，表記方法が変更されたため第一期との比較が難しいが，それでも体高5尺以上（1.52 m以上）の馬が増加していたことは十分に読み

表 1-1　地方馬馬体測定（全国）

| 体高（以上～未満） | 1906 年 | 1912 年 | 1918 年 | 1923 年 | 1928 年 | 1933 年 |
|---|---|---|---|---|---|---|
| 4 尺未満（1.21 m 未満） | 0.5% | 0.8% | 0.6% | 1.1% | 1.8% | 1.7% |
| 4 尺～4 尺 5 寸（1.21 m～1.36 m） | 42.9% | 36.9% | 23.3% | 15.9% | 9.6% | 7.3% |
| 4 尺 5 寸～5 尺（1.36 m～1.52 m） | 55.6% | 60.6% | 71.7% | 73.7% | 67.0% | 62.0% |
| 5 尺以上（1.52 m 以上） | 1.0% | 1.7% | 4.4% | 9.3% | 21.6% | 29.0% |

注：4 歳以上 16 歳以下の馬，体高不詳のものを除く。1928 年，33 年はメートル法表記．1.20 m 未満，
　　1.20 m～1.35 m，1.35 m～1.50 m，1.50 m 以上を上記のように当てはめた。
出典：農林省畜産局『馬政第一次計画実績調査』第 2 巻，1935 年，pp. 498-499 より作成。

取られる[11]。このことは，第一期に洋雑種化が一通り完了した後にも，洋種血量を更に高めるという方法で馬匹改良が継続されたことを示している。

　次に上記の馬匹改良による大型化が馬の価格に与えた影響をみるものとして，馬・牛・米の平均価格の推移をあげた[12]（図 1-1）。牛と米を比較対象として取り上げたのは，前者は農家役畜として馬と競合関係にあったため，後者は農家経済の基準となる指標であったためである。基本的に 3 者は似たような上下動を示しているが，1910 年代後半から馬価格が牛・米価格より急激に上昇している点に注目される。これは，第一次世界大戦への参戦によって戦時軍馬需要が増大したことに加え，同時期の好況が運搬馬需要を増加させたためであった（第 3 章）。しかしそれらが終息した後の 1920 年代にもなお，馬価格は他の 2 つと比べて高い水準で推移している。このことは，馬匹改良が進展した結果，平時の軍馬のみならず民間馬全体の資質（洋種血量・体格）が向上したことを意味する[13]。馬の使役農家が「馬は不経済」と認識

---

11) 比率ではごく僅かであるものの，馬政計画第二期には 4 尺（1.21 m）未満の増加も確認される。これは同時期の小格馬需要（第 4 章）に向けて，北海道土産馬や朝鮮馬が移入されたためとされる。

12) 馬の年間生産頭数は約 12 万頭，牛のそれは約 20 万頭であったのに対し，図 1-1 で用いた統計では馬の年間取引頭数は約 14 万頭，牛は約 60 万頭とされている。このことは，馬の場合は生涯で 1 回（多くは 2 歳時）しか市場取引されなかったのに対し（壮馬は家畜商による庭先取引），牛は幼犢・育成後・廃役後など複数回，市場取引されていたことを表わしている。

13)「軍馬として資質の向上を要求せらるゝ結果，近年馬の質が非常に向上いたしまし

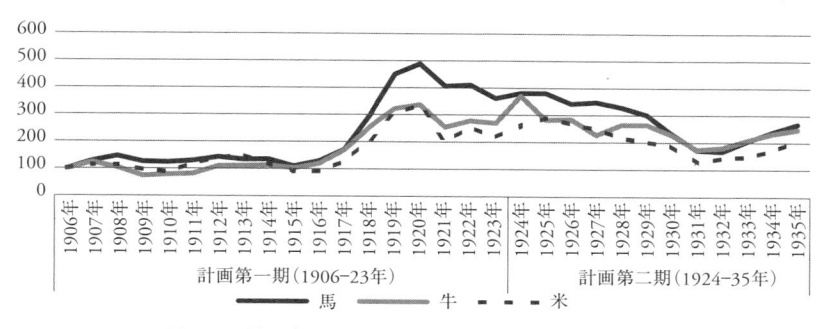

**図 1-1 馬・牛・米の平均価格の推移（1906 年 = 100）**
出典：馬・牛は『農商務統計表』および『農林省統計表』各年，米は農政調査委員会編『日本農業基礎統計』改訂版，農林統計協会，1977 年．

し，安価な牛（特に朝鮮牛）に役畜の転換を検討したのは，この 1920 年代が中心であった。一方，1930 年代に入ると，馬価格は再び牛・米価格と軌道を同じくしている。ただしこの価格低下は，昭和恐慌（1929 年）と東日本冷害（1931 年・34 年）によって大打撃を受けた北海道・東北地方の農家が馬を投げ売りしたことに起因するもので，馬匹改良の後退（在来馬への復帰）を意味するものではない。こうした価格低下によって，1930 年代には馬産農家の側が「馬産は破産なり」と認識することとなった。以上のように，馬匹改良の進展によって，馬産農家・使役農家の双方が納得出来る馬価格というものが成立し難くなったのである。

## 2）東北産馬業の位置

次に，第一次馬政計画期の全国産馬業の中で東北地方がどのような位置にあったのかを，馬に関する基礎的指標（総馬数・生産頭数）から検討する。まず地方別総馬数について（図 1-2）。同図によると，全国の総馬数は第一次馬政計画期を通じて概ね 150 万頭で維持されていたことが分かる。この 150

て，従つて価格も大分以前より高くなつて来ました」（農林省畜産局『第三回馬政委員会議事録』1926 年，pp. 11-12）

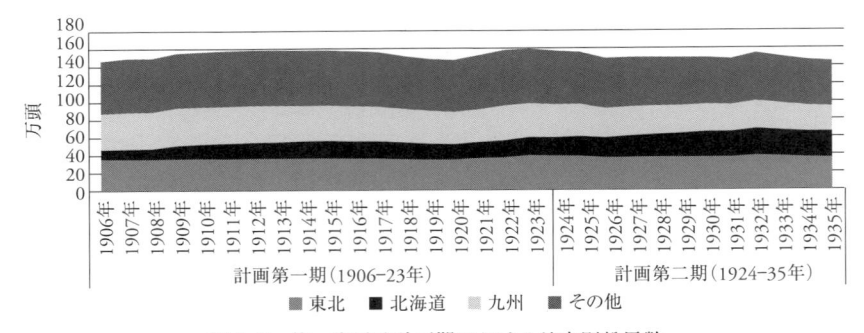

**図 1-2** 第一次馬政計画期における地方別総馬数
出典：前掲, 『馬政第一次計画実績調査』第 2 巻, 『農林省統計表』1933-35 年。

万頭という数値は，陸軍が国防上の観点から最低限必要としていたものであった[14]。ただしこの頭数の維持には，そのまま鵜呑みに出来ない部分もある。第一次馬政計画中には，馬籍法の施行（1922 年）と地方馬一斉調査の実施（1932 年）によって，従来統計から洩れていた馬が新たに計上されるという見かけ上の増加があったためである[15]。当時の資料上には馬頭数の減少が頻繁に報告されているため[16]，実際の総馬数は一貫して緩やかな減少傾向に

---

14）「兎に角我国馬政計画上最小限百五十万頭を維持せざるを得ぬ，就中国防上には絶対の要求である。」大島又彦（陸軍中将）「憂慮すべき馬産 ── 馬政局復活の必要を説き中央会設置の不急に及ぶ」『馬の世界』第 7 巻第 8 号，1927 年 8 月，p. 4。

15）竹中武吉（福島県技師）「種牡馬の国有は将に焦眉の急に迫れり」『馬の世界』第 10 巻第 3 号，1930 年 3 月。1921 年 151 万 9785 頭から 1922 年 157 万 6179 頭という 5 万 6394 頭の増加，1931 年 147 万 7271 頭から 1932 年 154 万 1036 頭という 6 万 3765 頭の増加は，どちらも単年の増加として異常であり，集計方法の変化によるものと考えられる。

16）その一例として，次のような報告がある。「畜産界を顧て馬は漸次減少の傾向にある，……之れが原因として普通に挙げられて居るのは（一）近時農村が疲弊しつゝある為め，経済的圧迫を受け馬が其犠牲になつたものである，（二）土地が漸次集約的に利用さるゝに伴ひ，牧場や採草地が狭小となりつゝある結果飼育費が増加する為めである，（三）農用機械器具の利用発達と化学肥料の使用増加等の影響が主なる問題と看做されてゐる。」（大石時治「「新」農村振興策に就て」『秋田県農会報』第 176 号，1927 年 1 月，p. 6)。

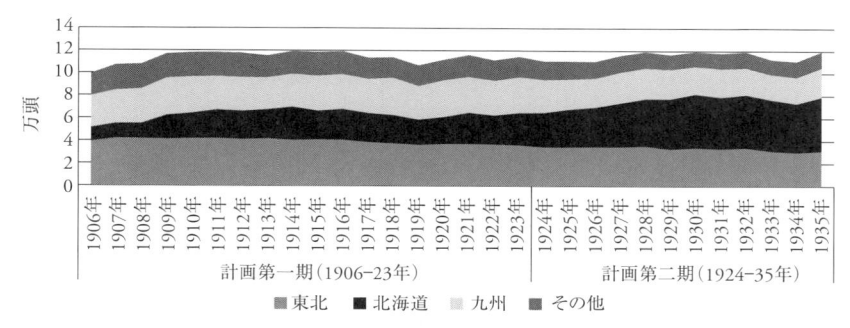

第1章 第一次馬政計画期（1906-35年）の東北産馬業 | 43

**図 1-3　第一次馬政計画期における地方別生産頭数**
出典：図 1-2 に同じ。

あったと考えられる。次に地方別の割合に目を移すと、東北・北海道・九州の 3 地方で全国の約 6 割が占められており、地域的な偏りをみることが出来る。また上記 3 地方がそれぞれ異なる変化を示している点にも注目したい。実数値をあげながら第一次馬政計画の初年 1906 年と終了年 1935 年の総馬数（括弧内は全国に占める割合）を比べると、東北地方は 35 万 8535 頭（24.5％）から 35 万 9730 頭（24.8％）へとほぼ横ばいであったのに対し、北海道は 10 万 7936 頭（7.4％）から 29 万 5396 頭（20.4％）へと 3 倍に急増し、九州地方は 40 万 9750 頭（28.0％）から 28 万 7333 頭（19.8％）へと 12 万頭減少しているのである。ただし前述した統計上の不備を考慮すると、実際には東北地方も減少傾向にあったと考えられる。また上記 3 地方以外でも 58 万 9245 頭（40.2％）から 50 万 6022 頭（34.9％）へと減少していたため、（見かけ上の）全国 150 万頭の維持は専ら北海道の急増によって支えられていたといえる。

　次に地方別生産頭数について（図 1-3）。生産頭数は馬価格の変動に左右されたため、総馬数より変化が激しかったものの、それでも全国で概ね 10-12 万頭の範囲が維持されている。地方別では東北・北海道・九州の 3 地方が 8 割強を占めており、総馬数よりも一層、地域的偏在が著しかったといえる。また総馬数と同様に 1906 年と 35 年の各地の生産頭数（全国に占める割合）をみると、東北地方は 3 万 9233 頭（39.5％）から 3 万 1353 頭（26.2％）へと

8000頭減少したのに対し，北海道は1万2299頭（12.4％）から4万7781頭（39.9％）と4倍に増加[17]，九州地方は2万8173頭（28.4％）から2万6136頭（21.8％）とほぼ横ばいとなっている。こうした変化の背景として，東北地方の減少に関しては開墾進展や林業発達によって馬産の生産基盤である牧野が縮小したこと，北海道の増加に関しては東北本線や青函連絡船の開通によって本州への馬の移出が容易になったこと，などがあった。総馬数との違いとしては，東北地方と九州地方で変化の方向（横ばいと減少）が反対であったこと，全国頭数の維持において北海道の担った比重が大きかったこと，の2つがあげられる。また1926年以降には北海道の生産頭数が東北地方のそれを上回っており，このことは東北地方が国内最大の馬産地という地位から転落したことを表わしている。

　以上，第一次馬政計画期における産馬業の変化を地方別にまとめると，次のようになる。まず東北地方では総馬数が（見かけ上）維持された一方，生産頭数が減少していた。これに対し，北海道では総馬数・生産頭数ともに飛躍的に増加し，また九州地方では総馬数が減少したものの，生産頭数は維持されていた。同じ馬の飼養地方であっても，そのあり方は三者三様に異なっていたのである。特に同じ旧来の馬産地であった東北地方と九州地方において，総馬数と生産頭数の変化が反対であったことには注目される。その要因として，馬から牛への役畜転換の影響などが考えられるが，この点については第4章で検討する。

---

17) 北海道の馬産に関しては，榎勇による一連の研究を参照されたい。榎勇「北海道における馬産の変遷」『北海道農業研究』第18号，1960年3月，同「畜産の生成」「農民的畜産の形成」「商業的畜産の展開」（北海道立総合研究所編・発『北海道農業発達史』上・下巻，1963年），同「北海道馬産の形成」（農林省畜産局編『畜産発達史』別篇，中央公論事業出版，1967年，第4章第2節）。

第 1 章　第一次馬政計画期（1906-35 年）の東北産馬業

## 第 3 節　東北各県の特徴

　前節では，第一次馬政計画期の東北地方において，総馬数が維持されつつ生産頭数が減少したことをみた。本節では同地方の 6 県（青森・岩手・秋田・宮城・山形・福島）について，県ごとの産馬業の特徴や違いを整理する。合わせて各地に設置された国・軍の産馬関連施設の所在についても，あらかじめ示しておきたい。

### 1) 各県産馬業の概要

　ここでは各県産馬業の特徴を，以下 5 つの指標から確認する。

　第一に，東北地方における馬の生産・利用主体であった農家経営の状況をみる。ただし農家経営そのものを分析することが本書の目的でないため，概況を示すに留めたい（表 1-2）。まず農家 1 戸当たりの耕地面積について。周知のように，東北地方では 1 戸当たりの耕地面積が他地方と比べて大きかった。同表でも 6 県すべての平均が 1.5 町歩前後に達し，全国平均 1.1 町歩を 3-5 反歩ほど上回っている。田畑の割合からは，稲作を主体とした県（宮城・秋田・山形）と，稲作・畑作が相半ばした県（青森・岩手・福島）に二分される。後者の畑作における主な品目は，作付面積の大きい順に，青森では大豆・粟・燕麦，岩手では大豆・大麦・小麦，福島では大麦・大豆・小麦などであった[18]。次に牛馬を飼養した農家の割合について[19]。全国平均では牛馬ともに 20% 程度であったのに対し，東北地方の場合には馬が 50% 前後と高く，反対に牛は 10% 未満と低かったという特徴がみられる。一般的に大経営で

---

18)『農林省統計表』1926 年。
19)　牛馬飼養戸の中には農家以外の形態（牧場や運搬業者など）も含まれるが，その数は限られていたため，ここでは牛馬飼養戸すべてを牛馬飼養農家として扱った。

表 1-2　東北地方の農家戸数と牛馬飼養戸数（1922 年）

| 県 | ①農家戸数 | 農家1戸当耕地面積（町歩） | | | 牛馬飼養戸数 | | | |
|---|---|---|---|---|---|---|---|---|
| | | 田 | 畑 | 計 | ②馬 | ③牛 | ②/① | ③/① |
| 青森 | 77,707 | 0.83 | 0.77 | 1.61 | 33,967 | 6,625 | 43.7% | 8.5% |
| 岩手 | 99,132 | 0.56 | 0.89 | 1.45 | 51,424 | 7,894 | 51.9% | 8.0% |
| 宮城 | 92,557 | 0.94 | 0.48 | 1.42 | 44,205 | 1,621 | 47.8% | 1.8% |
| 秋田 | 86,264 | 1.20 | 0.38 | 1.58 | 48,727 | 2,503 | 56.5% | 2.9% |
| 山形 | 91,538 | 1.00 | 0.46 | 1.46 | 28,854 | 5,033 | 31.5% | 5.5% |
| 福島 | 131,292 | 0.79 | 0.74 | 1.52 | 65,244 | 1,323 | 49.7% | 1.0% |
| 東北計 | 578,490 | 0.87 | 0.63 | 1.51 | 272,421 | 24,999 | 47.1% | 4.3% |
| 全国 | 5,362,522 | 0.56 | 0.56 | 1.12 | 1,178,080 | 1,134,677 | 22.0% | 21.2% |

注：②と③には重複を含む。
出典：『農林省統計表』1922 年。

表 1-3　東北地方の総馬数・生産頭数

| 県 | 総馬数 | | | | 生産頭数 | | | |
|---|---|---|---|---|---|---|---|---|
| | 1906 年 | 1924 年 | 1935 年 | 1906-35 年 | 1906 年 | 1924 年 | 1935 年 | 1906-35 年 |
| 青森 | 61,285 | 55,913 | 54,438 | −6,847 | 7,514 | 6,450 | 5,451 | −2,063 |
| 岩手 | 84,733 | 93,199 | 83,897 | −836 | 9,089 | 9,366 | 9,582 | +493 |
| 宮城 | 52,147 | 58,597 | 55,024 | +2,877 | 2,593 | 2,575 | 2,234 | −359 |
| 秋田 | 59,014 | 61,141 | 58,822 | −192 | 7,183 | 5,341 | 3,956 | −3,227 |
| 山形 | 28,292 | 31,624 | 29,718 | +1,426 | 487 | 394 | 414 | −73 |
| 福島 | 73,064 | 85,406 | 77,831 | +4,767 | 12,367 | 10,421 | 9,716 | −2,651 |
| 東北計 | 358,535 | 385,880 | 359,730 | +1,195 | 39,233 | 34,547 | 31,353 | −7,880 |

出典：前掲，『馬政第一次計画実績調査』第 2 巻，『農林省統計表』1935 年。

は馬，小経営では牛が有利という傾向があったため，先にみた1戸当たり耕地面積の広さの反映と考えられる。また経営規模が大きくなるほど役畜の必要性は高かったため，馬飼養農家の多くが上記の平均耕地面積1.5町歩以上を経営していたと考えられる。このように，いわゆる馬地帯とされた東北地方にあっても，馬を飼養した農家は全体の上位半数程度に留まっていたことは常に念頭に置いておく必要がある。

　第二に，先の全国的趨勢と同様に，県ごとの総馬数・生産頭数を比較する（表 1-3）。まず総馬数に関しては，先述のように東北全体として（見かけ上）

第 1 章　第一次馬政計画期（1906-35 年）の東北産馬業　47

表 1-4　総馬数に占める生産頭数・牝馬頭数の割合

| 県 | 生産頭数/総馬数 | | | | 牝馬頭数/総馬数 | | | |
|---|---|---|---|---|---|---|---|---|
| | 1906 年 | 1924 年 | 1935 年 | 1906-35 年 | 1906 年 | 1924 年 | 1935 年 | 1906-35 年 |
| 青森 | 12.3% | 11.5% | 10.0% | −2.2% | 75.3% | 74.5% | 67.9% | −7.4% |
| 岩手 | 10.7% | 10.0% | 11.4% | +0.7% | 72.1% | 67.7% | 65.6% | −6.6% |
| 宮城 | 5.0% | 4.4% | 4.1% | −0.9% | 46.0% | 48.4% | 45.8% | −0.3% |
| 秋田 | 12.2% | 8.7% | 6.7% | −5.4% | 77.5% | 74.2% | 66.5% | −11.0% |
| 山形 | 1.7% | 1.2% | 1.4% | −0.3% | 50.1% | 41.0% | 33.2% | −16.9% |
| 福島 | 16.9% | 12.2% | 12.5% | −4.4% | 83.1% | 85.2% | 86.0% | +2.9% |
| 東北計 | 10.9% | 9.0% | 8.7% | −2.2% | 70.3% | 68.5% | 64.8% | −5.5% |
| 全国 | 6.8% | 7.3% | 8.3% | +1.5% | 56.7% | 59.0% | 57.0% | +0.3% |

出典：表 1-3 に同じ。

横ばい傾向にあった。これを県別にみると，減少した県と増加した県に分けられる。1906-35 年において，減少したのは東北北部の 3 県（青森・岩手・秋田），増加したのは南部 3 県（宮城・山形・福島）であった。また生産頭数に関しては，東北全体として減少傾向にあり，県別でも岩手を除く 5 県で減少していた。特に減少が著しかったのは，秋田・福島・青森の 3 県であった。

　第三に，各県で馬産地・使役地のどちらの性格が強かったのかを，総馬数に対する生産頭数・牝馬頭数の割合から検討する（表 1-4）。一般に馬産地では繁殖手段として牝馬が多く飼養されており，また生産馬のうち牡馬は使役馬として管外に移出された一方，牝馬は将来の繁殖用として管内に留められることが多かった。これに対し，使役地では繁殖があまり行なわれず，生産地から移入された牡馬と騙馬が主に農馬として利用されていた。これらのことから，生産頭数や牝馬頭数の割合が高いほど，馬産地の性格が強かったといえる。

　まず 1906 年の総馬数に対する生産頭数・牝馬頭数の割合について，全国平均（生産頭数 6.8%・牝馬頭数 56.7%）を境として区分すると，どちらもそれより高かった青森・岩手・秋田・福島の 4 県は馬産地，反対に低かった宮城・山形の 2 県は使役地とみなすことが出来る。次に同年から 1935 年まで

表 1-5　東北地方の牛頭数

| 県 | 牛頭数 | | | | 牛頭数/牛馬頭数 | | | |
|---|---|---|---|---|---|---|---|---|
| | 1906年 | 1924年 | 1935年 | 1906-35年 | 1906年 | 1924年 | 1935年 | 1906-35年 |
| 青森 | 15,985 | 14,142 | 13,977 | -2,008 | 20.7% | 20.2% | 20.4% | -0.3% |
| 岩手 | 15,928 | 18,070 | 18,323 | +2,395 | 15.8% | 16.2% | 17.9% | +2.1% |
| 宮城 | 1,617 | 3,463 | 7,947 | +6,330 | 3.0% | 5.6% | 12.6% | +9.6% |
| 秋田 | 4,762 | 5,321 | 4,439 | -323 | 7.5% | 8.0% | 7.0% | -0.4% |
| 山形 | 7,260 | 7,532 | 14,905 | +7,645 | 20.4% | 19.2% | 33.4% | +13.0% |
| 福島 | 929 | 2,603 | 7,827 | +6,898 | 1.3% | 3.0% | 9.1% | +7.9% |
| 東北計 | 46,481 | 51,131 | 67,418 | +20,937 | 11.5% | 11.7% | 15.8% | +4.3% |
| 全国 | 1,190,373 | 1,456,243 | 1,684,461 | +494,088 | 44.8% | 48.1% | 53.8% | +8.9% |

出典：表 1-3 に同じ。

　の変化をみると，生産頭数の割合は岩手以外の5県，牝馬頭数の割合は福島以外の5県でそれぞれ低下しており，先にみた生産頭数の減少と合わせて，第一次馬政計画期に東北地方が馬産地として衰退した様子が確認される。特に秋田ではどちらの割合も大きく低下しており，馬産の衰退が最も著しかった県と考えられる。

　第四に，大家畜として馬と競合関係にあった牛の地方別頭数をみておきたい（表 1-5）。一般に，戦前期には馬から牛への役畜転換が進み，東北地方もその例外ではなかったとされる[20]。しかし同表をみる限り，東北地方における転換は全国平均と比べて緩慢であったといえる。県別では，東北南部の宮城・山形・福島において牛頭数の増加が目立つものの，牛頭数/牛馬頭数の割合は依然として全国平均より著しく低い。また北部の青森・秋田では，牛頭数の減少すらみられる。前者の増加した県の中には馬の生産地（福島）と使役地（山形・宮城）の双方が含まれているため，馬から牛への転換は，馬産

20）「前期末（大正期末，引用者注）からの東北，関東地方への和牛の進出も一層目立ちはじめ，さらに満州事変以来，大量に徴発された馬匹の空隙を埋めて馬から牛への転換は一九三五年（昭和 10）前後から一段と強められ，飼養頭数も急速に増加している。」石原盛衛（責任者）・上坂章次・柴田清吾・西田孝雄・村尾賢蔵「和牛の発達」（農林省畜産局編『畜産発達史』本篇，中央公論事業出版，1966 年，第 2 章），p. 272。

表 1-6　牛馬耕施行面積の変化（田）

| 地方 | 牛馬耕施行面積（町歩） | | | | | 耕地面積に対する施行率 | | | | |
|---|---|---|---|---|---|---|---|---|---|---|
| | 1915年 | 1920年 | 1925年 | 1930年 | 1935年 | 1915年 | 1920年 | 1925年 | 1930年 | 1935年 |
| 青森 | 28,294 | 30,662 | 36,834 | 48,058 | 51,716 | 45.5% | 47.4% | 56.3% | 67.2% | 71.4% |
| 岩手 | 5,901 | 15,638 | 25,666 | 35,209 | 40,060 | 11.2% | 29.0% | 46.2% | 57.1% | 60.5% |
| 宮城 | 34,350 | 41,391 | 52,985 | 62,351 | 72,511 | 40.6% | 47.8% | 59.8% | 65.5% | 71.8% |
| 秋田 | 45,221 | 55,302 | 65,306 | 80,409 | 86,998 | 44.9% | 53.6% | 62.4% | 69.4% | 75.3% |
| 山形 | 40,053 | 48,546 | 54,366 | 62,071 | 66,215 | 45.0% | 53.1% | 58.6% | 61.7% | 65.3% |
| 福島 | 22,741 | 30,830 | 39,578 | 49,447 | 58,089 | 23.2% | 29.0% | 39.4% | 47.8% | 56.1% |
| 東北計 | 176,559 | 222,369 | 274,735 | 337,544 | 375,589 | 36.3% | 43.9% | 54.2% | 61.6% | 67.0% |
| 全国 | 1,796,011 | 1,923,225 | 2,084,293 | 2,252,570 | 2,373,091 | 60.6% | 63.4% | 67.2% | 70.3% | 73.7% |

出典：『農会調査　農事統計』及び『農事統計表』各年より作成。

が盛んであったか否かよりも，それ以外の要因（気候や地勢，馬利用状況など）に左右される部分の方が大きかったと考えられる。

　第五に，牛馬耕施行面積の変化（田）を確認しておきたい[21]（表 1-6）。前述のような牛馬の偏りから，東北地方における牛馬耕はほとんどが馬によって行なわれていた（馬耕）。近世期の東北地方では馬耕がほとんど行なわれておらず，明治期に北九州地方から「乾田馬耕」技術が導入された後，急速に普及したとされる。ただし 1915 年の段階でもその普及率は 36.3% に過ぎず，全国平均の 60.6% に遠く及んでいない。これに対し，1910 年代から 30 年代にかけて本格的な普及が進み，1935 年には 67.0% と全国平均 73.7% に比肩するに至っている。また県別の施行率をみると，1915 年段階では岩手と福島の低さが目立つものの，後年になるほど他県との差が縮小している。この 2 県は東北地方における馬の生産頭数の上位 2 県であったため（前掲，表 1-3），馬耕の普及には馬産の有無や趨勢がある程度影響していたと考えられる。

---

21）畑における牛馬耕施行率は県によるバラつきが大きく，例えば 1935 年は青森 44.9%・岩手 19.3%・宮城 14.5%・秋田 29.7%・山形 7.3%・福島 1.0% であった（東北平均 18.0%・全国平均 46.7%）。

## 2）県別の産馬方針

1）では東北各県の統計上の違い（馬の量）についてみたが，ここでは各県の産馬方針の違い（馬の質）について述べる[22]。1916年に陸軍の軍馬購買官が各地セリ市場で行なった産馬調査の結果（表1-7）も合わせて参照されたい。

①青森県

青森県の東半分にあたる南部地方（上北・下北・三戸の3郡）は，東北地方の中でも特に優良馬が生産され，またそれゆえ馬匹改良や軍馬需要との結びつきが強い地域であった。同地方は馬産の保護・奨励に力を入れていた南部藩の旧領に属し，明治期に入っても他地方より優等な繁殖牝馬が残されていた。このため国・軍から馬匹改良や軍馬補充の重要地域と捉えられ，後述のように馬に関する施設が集中的に設置されたのである。特に上北郡は国内第一の乗馬産地であり，アラブ種やアングロアラブ種などの軽種による馬匹改良が早期より開始されていた。また下北郡と三戸郡では乗馬と軽輓馬の生産が行なわれ，上記の軽種の他にアングロノルマン種やハクニー種といった中間種による改良が進められた。一方，県西部の津軽5郡では育成・利用が中心で，馬産はほとんど行なわれていなかった。

②岩手県

青森県と並んだ国内有数の先進馬産地であり，両県は合わせて「本邦の驥北」[23]と称された。岩手県内の馬産は，上記の青森県南部地方と同じく旧南部藩領に属する県中部・北部の岩手・二戸・九戸・下閉伊・上閉伊の5郡が

---

22）以下の記述は，帝国競馬協会編『日本馬政史』第5巻，1928年，および各県の畜産組合連合会要覧（巻末の文献一覧参照）による。

23）「驥北」とは，中国の著名な馬産地のこと。

表 1-7 東北各地における産馬調査（1915 年）

| 県 | 郡 | 購買地 | 等級 | 重ナル種馬ノ血統 | 育成一班 | 産数 |
|---|---|---|---|---|---|---|
| 青森 | 上北郡 | 三本木 | 上 | サラ，アラブ，アア，ギドラン，トロ | 放牧，半牧 | 750 |
| | | 七ノ戸 | 上 | 同，外少数アノ，ハクニー | | 630 |
| | | 野辺地 | 中 | 同 | | 220 |
| | 三ノ戸 | 五ノ戸 | 中上 | サラ，アラブ，アア，トロ，フリオゾー | 放牧，半牧，舎飼 | 450 |
| | | 三ノ戸 | 中上 | サラ，アラブ，ギドラン，アア，トロ，アノ，ハクニー | 放牧，半牧 | 300 |
| | | 八ノ戸 | 中上 | サラ，アラブ，アア，ギドラン，フリオゾー，トロ | 舎飼 | 700 |
| | 下北 | 田名部 | 中 | ハクニー，アノ，トロ，サラ，アア | 放牧 | 200 |
| | 東津軽 | 小湊 | 中下 | トロ，アア，アノ | 半牧，舎飼 | 100 |
| | | 青森 | 中下 | 同 | | 110 |
| | 西津軽 | 木造 | 中下 | トロ，アア，アノ，ハクニー，ペル | | 220 |
| | 中津軽 | 弘前 | 下 | トロ，アノ | | 60 |
| 岩手 | 岩手 | 盛岡 | 上 | トロ，アア，アノ，ハクニー，サラ | 放牧，半牧，舎飼 | 950 |
| | | 沼宮内 | 上 | 同，ギドラン | 放牧，半牧 | 650 |
| | 二戸 | 福岡 | 中 | トロ，アア，サラ，アノ，ハクニー | 放牧，半牧，舎飼 | 400 |
| | 九戸 | 軽米 | 中 | 同 | 半牧，舎飼 | 430 |
| | | 久慈 | 中 | 同 | 同 | 280 |
| | 下閉伊 | 岩泉 | 中 | トロ，アノ | 放牧 | 45 |
| | | 宮古 | 中上 | アノ，ハクニー，トロ，サラ，アア | 放牧，半牧 | 250 |
| | 上閉伊 | 大槌 | 中 | 同 | 同 | 75 |
| | | 遠野 | 中上 | 同 | 放牧，半牧，舎飼 | 500 |
| | 気仙 | 世田米 | 中 | 同 | 半牧，舎飼 | 160 |
| | | 盛町 | 下 | 同 | 同 | 45 |
| | 和賀 | 沢内 | 中下 | トロ，アノ，ハクニー | 同 | 110 |
| | 稗貫 | 花巻 | 下 | 同 | 舎飼 | 60 |
| | | 大迫 | 中 | トロ，アノ，ハクニー，サラ，アア | 半牧 | 160 |
| | 和賀 | 黒沢尻 | 中下 | 同 | 舎飼，半牧 | 230 |
| | 江刺 | 岩谷堂 | 中下 | 同 | 同 | 180 |
| | 胆沢 | 水沢 | 中下 | 同 | 同 | 110 |
| | 西磐井 | 山ノ目 | 中下 | 同 | 同 | 130 |
| | 東磐井 | 大原 | 中下 | 同 | 同 | 180 |

表 1-7　東北各地における産馬調査（1915 年）・続

| 県 | 郡 | 購買地 | 等級 | 重ナル種馬ノ血統 | 育成一班 | 産数 |
|---|---|---|---|---|---|---|
| 宮城 | 玉造 | 温泉 | 上 | サラ，アラブ，アア，ギドラン，トロ | 舎飼，半牧 | 230 |
| | 栗原 | 岩ヶ崎<br>築舘 | 中<br>中 | 同，其他ノーニウス<br>同，其他ハクニー | 同 | 120<br>240 |
| | 加美 | 中新田 | 上 | サラ，アラブ，アア，ギドラン，トロ | 同 | 320 |
| | 遠田 | 小牛田 | 中 | 同，其他アノ | 舎飼 | 110 |
| | 黒川 | 吉岡 | 中 | 同 | 同 | 220 |
| | 本吉 | 御嶽 | 下 | 同 | 同 | 60 |
| | 牡鹿 | 松島 | 下 | 同 | 同 | 65 |
| | 登米 | 登米 | 下 | 同 | 同 | 50 |
| 秋田 | 仙北 | 角館<br>刈和野<br>大曲 | 中上<br>中<br>中 | ハクニー，アノ，ペル，トロ<br><br>同，外アア，サラ | 放牧，半牧，舎飼<br>同<br>舎飼 | 350<br>250<br>250 |
| | 北秋田 | 大館<br>鷹巣<br>米内沢<br>阿仁合 | 中<br>中<br>中<br>中 | ハクニー，アノ，ペル，トロ<br>同<br>同<br>同 | 半牧，舎飼<br>同<br>半牧<br>放牧，半牧 | 350<br>200<br>170<br>230 |
| | 山本 | 二ツ井<br>能代 | 中<br>中下 | 同<br>同 | 半牧<br>舎飼 | 250<br>100 |
| | 南秋田 | 五城目 | 下 | 同 | 放牧，半牧 | － |
| | 河辺 | 秋田市 | 下 | 同 | 半牧，舎飼 | 280 |
| | 平鹿 | 横手 | 下 | 同 | 同 | 110 |
| | 雄勝 | 湯沢 | 下 | 同 | 同 | 120 |
| | 由利 | 矢島 | 中 | アノ，ハクニー，ペル，クライデスデール，サラ，トロ | 舎飼，半牧 | 350 |
| | | 本荘 | 中 | アノ，ハクニー，ペル，クライデスデール，ブラバンソン | 同 | 280 |
| | | 亀田 | 中下 | アノ，ハクニー，ペル | 同 | 250 |
| | 鹿角 | 毛馬内<br>花輪 | 下<br>下 | アノ，ハクニー，トロ<br>同 | 同<br>同 | 110<br>90 |
| 山形 | 最上 | 東小国<br>新庄 | 中<br>下 | アア，トロ<br>同 | 舎飼，半牧<br>同 | 140<br>55 |
| | 北村山 | 宮沢 | 下 | 同 | 同 | 45 |
| | 南村山 | 村木沢 | 下 | 同 | 同 | 50 |

表 1-7　東北各地における産馬調査（1915年）・続

| 県 | 郡 | 購買地 | 等級 | 重ナル種馬ノ血統 | 育成一班 | 産数 |
|---|---|---|---|---|---|---|
| 福島 | 田村 | 常葉 | 中上 | サラ，アア，ギドラン，トロ，ノーススター，ハクニー | 半牧，放牧 | 480 |
| | | 大越 | 中 | 同 | 同 | 300 |
| | | 三春 | 中 | サラ，アア，トロ | 舎飼 | 220 |
| | 西白河 | 白河 | 中下 | 同，ハクニー | 同 | 135 |
| | 東白河 | 棚倉 | 下 | 同 | 同 | 50 |
| | 相馬 | 飯樋 | 下 | トロ，ハクニー，アア | 半牧 | 110 |
| | 岩瀬 | 牧本 | 中 | アア，トロ，ハクニー，アノ | 半牧，舎飼 | 130 |
| | 安達 | 本宮 | 中下 | 同 | 同 | 130 |
| | | 針道 | 下 | 同 | 同 | 72 |
| | 安積 | 桑野 | 中下 | 同 | 同 | 100 |
| | | 三次 | 中下 | 同 | 同 | 65 |
| | 耶麻 | 猪苗代 | 中 | 同 | 同 | 200 |
| | 北会津 | 若松 | 下 | 同 | 同 | 75 |

注：富永才之助（陸軍技師）による軍馬購買時における調査．産数はセリ上場数．「重ナル種馬ノ血統」の略称は，サラ（サラブレッド），アア（アングロアラブ），アノ（アングロノルマン），トロ（トロッター），ペル（ペルシュロン）．斜字は軽種（乗用種），平字は中間種（軽輓馬種），ゴシックは重種（重輓馬種）を示す．
出典：帝国競馬協会編『日本馬政史』第5巻，1928年，p. 131，pp. 169-170，p. 207，pp. 234-235，pp. 257-258，p. 275。

中心であった。ただし青森県では乗馬生産が中心であったのに対し，岩手県の上記5郡ではアングロノルマン種やハクニー種などによる軽輓馬生産が中心であったという違いがみられる。また胆沢郡・盛岡市を中心とした県南西部では，周辺の馬産地から仕入れた2歳馬を自家利用を兼ねて5歳まで育成し，それを壮馬軍馬購買に売却するという育成業が盛んに行なわれていた。

③宮城県

先述のように，宮城県全体としては使役地の性格が強かった。県内の馬産は，サラブレッド種やアラブ種による乗馬生産を主体とした玉造・栗原・加美の3郡と，アングロノルマン種による軽輓馬生産を主体とした黒川郡に集中していた。ただし前者の3郡も，近代後期には乗馬需要（特に軍用乗馬）の低迷を受けて，後者と同様の軽輓馬生産に移行したとされる。上記以外の郡

では馬産がほとんど行なわれず，県内の馬産地や岩手県から移入された馬が農馬として用いられていた。

④秋田県

東北地方の馬産地の中では，青森県・岩手県に次ぐ地位にあったとされる。秋田県内における主な馬産地は，仙北・由利・北秋田の3郡であった。同県馬産の大きな特徴として，北海道を除いて国内で唯一，ペルシュロン種を主とした重種系馬が生産されていたことがあげられる。それは，秋田県の在来馬は青森県や岩手県のものと比べて体格が貧弱であったため，繁殖牝馬の体位を向上させる目的で重量・骨量に富んだ重種が導入されたことによる。こうした理由から開始された重種系馬の生産は，大正好況下の運搬馬需要と結びつくことで劇的に増加し，同種系馬を軍馬として不適とする陸軍を悩ませることとなった。また雄勝・平鹿の2郡では，岩手県南西部と同様に馬の育成業が盛んであった。

⑤山形県

東北地方の中で，最も使役地の性格が強い県であったといえる。山形県内の馬産は，最上郡の小国地方でアングロアラブ種を主とする乗馬生産が僅かに行なわれていたに過ぎない。一方，使役の中心地は「乾田馬耕」の主舞台であった庄内地方（酒田市・鶴岡市・東田川郡・西田川郡・飽海郡）であった。同地方で用いられた使役馬は，主に秋田県や北海道から移入されていた。

⑥福島県

馬産地としての性格が強く，生産頭数に関しては青森県や岩手県を上回っていた。ただし，軍馬需要との繋がりは青森県や岩手県ほど強くみられない。福島県内における第一の馬産地は三春駒（乗馬）で有名な田村郡であり，同郡ではサラブレッド種やアングロアラブ種による乗馬生産が行なわれてい

第 1 章　第一次馬政計画期（1906-35 年）の東北産馬業 | 55

た。それ以外に生産頭数が多かった耶麻郡・岩瀬郡などではアングロノルマン種を中心とした軽輓馬生産が行なわれ，生産馬の多くは関東以南の農馬需要に向けて移出されていた。また福島県では農家副業として養蚕も盛んに行なわれていたため，農家経営における馬産の重要性は東北地方の他県よりも低かった。このことが，同県で馬から牛への転換が比較的速やかに進行した1つの要因であったと考えられる。

## 3）国・軍の産馬関連施設

　上記のように馬産の盛んであった東北地方には，国・軍によって産馬関連施設が数多く設置された。それらの概要と位置を以下に示したい（表 1-8，図 1-4）。産馬関連施設は，馬匹改良に関する施設と軍馬補充に関する施設に大きく分けられる。前者は民間に洋雑種の国有種牡馬を供給したという点で，後者は生産された改良馬を軍馬として高額で購買したという点で，それぞれ周辺地域の馬匹改良に大きな影響を与えていた。

　第一に，馬政主管が設置した馬匹改良に関する施設として，種馬牧場，種馬育成所，種馬所の3種類があった。1つめの種馬牧場とは，輸入種牡馬と優等な繁殖牝馬を飼養して，それらの交配によって国有種牡馬を生産した施設のことである。全国で延べ4ヶ所に設置されており[24]，東北地方では青森県上北郡に奥羽種馬牧場が設けられていた。2つめの種馬育成所とは，種馬牧場の生産馬および民間から購入した種牡馬候補馬を，国有種牡馬として育成した施設のことである。戦前には国内で唯一，岩手県岩手郡に設置されていた[25]。3つめの種馬所とは，上記2つの施設で生産・育成された国有種牡馬を馬産地各地に派遣して，民間の繁殖牝馬に種付を行なった施設のことで

---

[24] 奥羽（1896 年設置），九州（同年），日高（1907 年），十勝（1910 年）の4ヶ所。ただし九州種馬牧場は 1907 年に鹿児島種馬所へと格下げされた。
[25] 戦時中には北海道十勝にも設置された（1941 年）。

表 1-8　東北地方に設置された産馬関連施設

1) 馬匹改良施設

| 名称 | 位置 | 設立年月 |
|---|---|---|
| ①奥羽種馬牧場 | 青森県上北郡七戸町 | 1896 年 6 月 |
| ②東北種馬育成所 | 岩手県岩手郡滝沢村 | 1903 年 10 月 |
| ③岩手種馬所 | 岩手県岩手郡厨川村 | 1896 年 6 月 |
| ④宮城種馬所 | 宮城県玉造郡西大崎村 | 1896 年 6 月 |
| ⑤秋田種馬所 | 秋田県仙北郡神宮寺町 | 1897 年 7 月 |
| ⑥福島種馬所 | 福島県西白川郡西郷村 | 1899 年 7 月 |
| ⑦青森種馬所 | 青森県上北郡野辺地町 | 1908 年 6 月 |

出典：神翁顕彰会編『続日本馬政史』第 1 巻，農山漁村文化協会，1963 年，pp. 247-270。

2) 軍馬補充施設

| 名称 | 位置 | 設立年月 | 派出部・出張所 | |
|---|---|---|---|---|
| A. 軍馬補充部 七戸支部 | 青森県上北郡 天間林村 | 1907 年 10 月 | A-1. 倉内出張所 | （青森県上北郡野辺地町） |
| | | | A-2. 表舘出張所 | （青森県上北郡六ヶ所村） |
| B. 軍馬補充部 三本木支部 | 青森県上北郡 三本木町 | 1885 年 6 月 | B-1. 中山派出所 | （岩手県二戸郡小鳥谷村） |
| | | | B-2. 戸来出張所 | （青森県三戸郡戸来村） |
| C. 軍馬補充部 六原支部 | 岩手県胆沢郡 相去村 | 1898 年 11 月 | C-1. 田代出張所 | （岩手県下閉伊郡門馬村） |
| | | | C-2. 種山出張所 | （岩手県気仙郡世田米村） |
| D. 軍馬補充部 荻野支部 | 山形県最上郡 荻野村 | 1897 年 10 月 | D-1. 鍛冶谷沢派出部 | （宮城県玉造郡川渡村） |
| | | | D-2. 及井出張所 | （山形県最上郡及位村） |
| | | | D-3. 冬師山出張所 | （秋田県由利郡院内村） |
| | | | D-4. 南山出張所 | （山形県最上郡大蔵村） |
| E. 軍馬補充部 白河支部 | 福島県西白川郡 西郷村 | 1897 年 12 月 | E-1. 白石出張所 | （宮城県刈田郡福岡村） |
| | | | E-2. 羽鳥出張所 | （福島県岩瀬郡湯本村） |

注：設立年月は前身施設を含めたもの。上記の他，白河支部には那須派出所と泉出張所があった（いずれも栃木県）。
出典：前掲，『日本馬政史』第 4 巻，pp. 335-336，『続日本馬政史』第 1 巻，pp.688-693，及び軍馬補充部三本木支部創立百周年記念実行委員会編『軍馬のころ―軍馬補充部三本木支部創立百周年記念誌―』1987 年，pp.28-34 ほか。

ある。東北地方では，青森・岩手・秋田・宮城・福島の 5 ヶ所に設置された（山形県は宮城種馬所の管轄）。青森種馬所の設置が遅かったのは，それまで前記の奥羽種馬牧場が種馬所の機能を兼ねていたためである。

　第二に，陸軍が設置した軍馬補充に関する施設として，軍馬補充部支部とその下部施設の派出部・出張所があった。軍馬補充部とは，2 歳駒セリ市場において軍用候補馬を購買し，それを部隊に配属する 5 歳まで育成・調教した施設のことである。本部は東京に置かれ，実務を行なった支部は最多の時

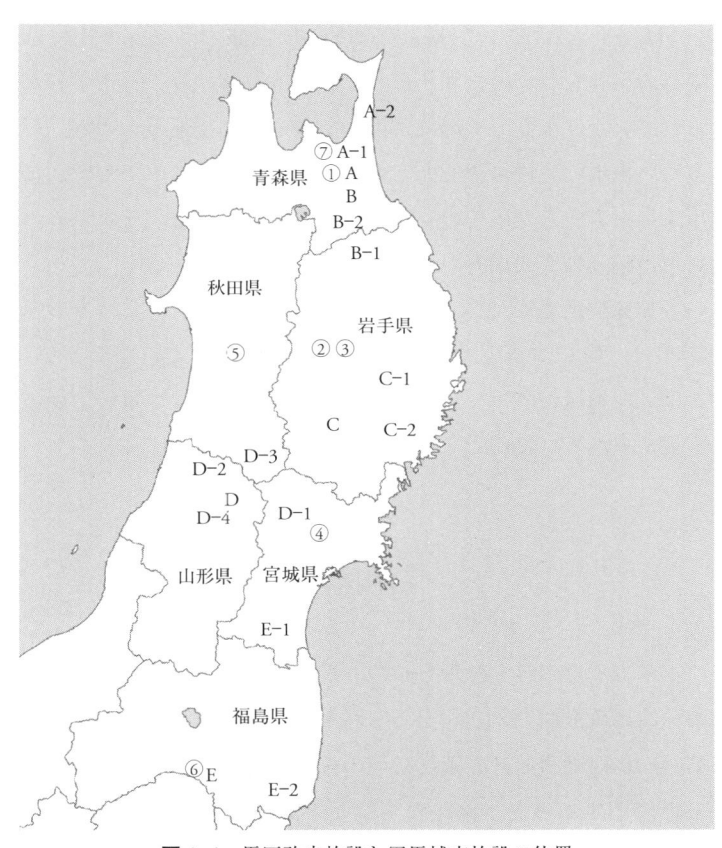

**図 1-4　馬匹改良施設と軍馬補充施設の位置**
注：施設の記号は表 1-8 に対応。丸番号は馬匹改良施設，アルファベットは軍馬補充施設を示す。

期（1908-10 年）で全国 9 ヶ所に設置されていた[26]。同時期の東北地方には七戸，三本木，鍛冶谷沢（1910 年に萩野と入替），白河，六原の 5 つの支部があったが，その後の大正軍縮によって萩野（1923 年），六原（1925 年），七戸（1926

---

26) 本文であげた東北地方の 5 支部のほか，北海道の釧路支部・川上支部，中国地方の大山支部，九州地方の高鍋支部の 5 つがあった。また外地では 1921 年に朝鮮雄基支部が設けられている（出典は表 1-8 に同じ）。

年）の3つは廃止されている（括弧内は廃止年）。また各支部の下には，支部本部と同様の業務を行なった派出部と，夏期放牧時のみに使用された出張所が設けられていた。上記5つの支部の中で最も著名であったのが，三本木支部であった。乗馬の育成を中心とした同支部は，軍馬の中でも特別扱いされた将校用乗馬を育成した唯一の支部であったことによる。それ以外の支部では，主に軍用輓馬の育成が行なわれていた。

以上の各施設の所在を地図上で確認すると（図1-4），東北地方の中でも青森県と岩手県，特に青森県東部（南部地方）に集中していたことが分かる。このことは，同地域が陸軍や馬政当局から馬匹改良および軍馬生産の重要地域として捉えられていたことを表わしている。

## 小括

以下に本章でみた内容を整理しつつ，次章からの論点につなげたい。

まず第一次馬政計画期（1906-35年）および同時期の東北産馬業の特徴について。第一次馬政計画期は，軍馬資源の確保に主眼を置いた馬匹改良が急速に進展した時期であった。前後の時期との繋がりでいえば，それ以前の日清・日露戦争期に国防上の急務として浮上した馬匹改良が実行に移された時期，また以後の戦時体制期に動員された大量の軍馬資源が準備された時期として位置づけられる。こうした第一次馬政計画期の東北地方では，全体的に馬の生産頭数が減少しており，馬産地として衰退傾向にあったといえる。ただし同時に総馬数がほぼ維持されていたことは，役畜としての馬の必要性は低下していなかったことを示唆している。

次に上記の第一次馬政計画における第一期と第二期の特徴を確認しながら，第2章以降でとり上げる論点を整理したい。まず同計画の第一期（1906-23年）は，陸軍の主導で急速な馬匹改良が強行された時期であった。同時期

には，馬政主管となった陸軍が馬産部門に対して集中的に馬匹改良政策を展開し，その結果として国内馬の約8割が洋雑種化されるに至った。そうした政策のあり方が，この時期の東北地方における生産頭数の減少に影響していたと考えられる。この点をふまえ，第2章では東北地方の中でも先進馬産地であった青森県上北郡を対象として，馬匹改良政策の具体的内容について分析する。また同時期の秋田県は，東北地方の中で最も馬産の衰退が著しかった。その一方，同時期末期には軍の改良方針に反する重種系馬の生産が増加するという特殊な現象がみられた。この一見矛盾する2つの変化がどのように起こったのかを，第3章で検討したい。

　次に馬政計画第二期（1924-35年）は，第一期の馬匹改良進展の結果として，馬の質（1920年代の価格上昇）と量（全期を通じた頭数減少）の双方が問題とされた時期であった。こうした中，東北地方では次のような変化がみられた。まず使役面に関しては，「馬は不経済」といわれながらも飼養頭数がほとんど減少せず，安価な牛への役畜転換も他地方と比べて緩慢であった。また同時期に馬耕施行率が全国平均に接近したことは，馬の利用が拡大したことを示している。こうした変化が，馬の使役農家のどのような経営行動論理にもとづいたのかについて，第4章で考察する。一方，生産面に関しては，馬価格が大きく変動したにも関わらず（1920年代の高騰と1930年代の急落），生産頭数は一貫して減少を続けていた。また上記の馬耕施行率の上昇は，使役農家のみならず馬産農家においても馬耕の普及が進んだことを表わしている。これらの変化が，馬産農家のいかなる経営方針の選択によるものだったのかについて，第5章で検討する。

# 第2章

## 馬匹改良政策の展開

―馬政計画第一期（1906-23年）の
青森県上北郡―

## 第 2 章　馬匹改良政策の展開

　本章の課題は，第一次馬政計画第一期（1906-23 年，明治 39-大正 12）において，民需を基礎としない軍主導の馬匹改良がなぜ急速に進展することが出来たのか，を明らかにすることである。具体的には，馬産地においてどのような馬匹改良政策が実施され，またその受け手となった馬産農家がいかなる対応を迫られたのかについて考察する。まず第 1 章でみた馬政計画第一期の特徴を簡単に確認しておきたい。日本馬全体の軍馬資源化を目指した第一次馬政計画の中にあって，第一期には日本馬の 3 分の 1 に対して洋種血統を導入することが計画されていた。またその実現のため，馬政には畜産行政の中でも特別な地位が与えられている。馬政主管は一般畜産を扱った農商務省農務局畜産課から独立して，1906 年に新設された内閣総理大臣所属の馬政局へと移され，さらに同局は 1910 年より陸軍省の所管となった。こうして軍の意向がストレートに反映される馬政体制が確立されたのである。この軍主導の馬政体制は 1923 年の軍縮によって馬政局が解体されるまで続き，その下での馬匹改良は当初の計画を上回る早さで進展した（1923 年の国内馬洋雑種化率 79％）。

　以上のような馬匹改良の進展期に関して，従来の畜産史研究・農業史研究の中では主に馬匹改良と馬利用者としての農家との対抗関係が論じられてきた（序章第 2 節）。農馬の高コスト化をもたらした馬匹改良は，低コストの役畜を求める農家の要求に相反したというものである。ではそうした民需とのギャップがあったにも関わらず，なぜ馬匹改良は短期間に進行していったのか。この点を解明するためには，農家の馬生産者としての側面（馬産農家）に焦点をあてた分析が必要であろう。

　この点について，本章では青森県上北郡（図 2-1）を対象地として検討する。後述のように，近世期より東北馬産の中心であった上北郡には，近代に入ると馬匹改良や軍馬補充に関する施設が集中的に設置され，他地方と比べて馬匹改良が早期より進展した。いわば馬匹改良政策が最も成功を収めた地域であり，上記の点をみるのに適していると考えられるからである。この上

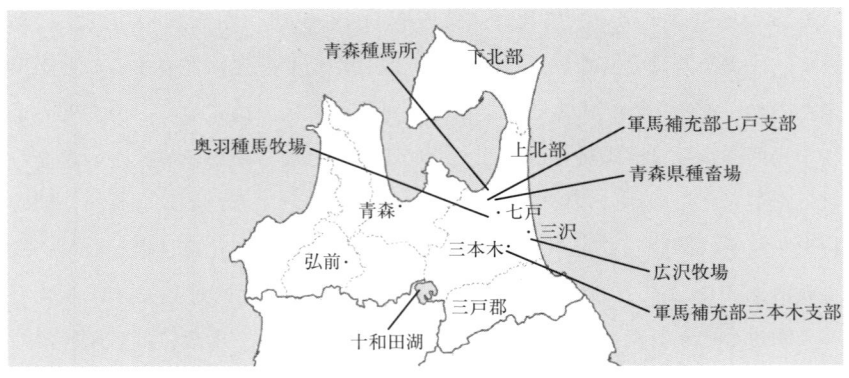

図 2-1　青森県上北郡内の馬産施設

北郡を含んだ青森県南部地方（上北・下北・三戸の3郡）の馬産に関しては，岸英次が「馬産経済実態調査」1938年度を用いて詳細に分析している[1]。しかし同調査以前の馬匹改良の進展期に関しては記述が少なく，次のような指摘に留まっている。

> （明治後期〜大正前期について，引用者）馬品種も軍馬需要の魅力と前代からの努力が効を奏し，全面的に内種より雑種に転換するに至つた。セリ駒中の軍馬の占むる割合も次第に多くなつて……その買上価格が民間価格の常に二〜三割上廻つたので，生産者は等しく軍購買馬たらんことを競い，自然に馬格（軍馬としての）を高むる結果をきたした[2]。

しかし後に示すように，当該期の上北郡では馬の生産頭数が減少していた。このことは，「等しく軍購買馬たらん」とした馬産農家の中にも，それを実現出来たグループと出来なかったグループが存在したことを示唆している。またその要因として，陸軍による産馬政策の影響が想定されよう。岸は，

---

1) 岸英次「南部地方における馬産，及び馬産農業」（農林省農業総合研究所編，『青森県農業の発展過程』，1954年）。
2) 同論文，p. 511。

特殊用途馬の生産に特化した民間牧場と，使役馬（軍馬・農馬）の生産を行なった農民的馬産との二極化を指摘しているが，上記のような農民的馬産の内部における階層分化については検討していない。本章では同氏の分析をふまえつつ，馬産経営階層の違いによる馬匹改良政策への対応の差を明らかにしたい。また同時期の東北馬産地では，植林・開墾事業の進展や林野制度の強化によって牧野（放牧地・採草地）の不足が進行したとされる。このことが馬匹改良の進展とどのように関連したのかについても合わせて考察したい。

## 第1節　上北郡馬産の特徴

### 1) 先進馬産地・上北郡

　青森県が東北馬産の中心地であったことについては，第1章第3節で示した。ここでは，青森県馬産の中における上北郡の特徴について述べたい。
　第一に，上北郡馬産の前史的条件について。上北郡は，旧南部藩領（現在の青森県東部と岩手県北部，及び秋田県の一部）に属する。近世南部藩は自ら9つの牧場を経営するとともに，種牡馬の貸与や優等駒の高価買い上げを通じて，民間馬産を厚く保護・奨励していた。それらの結果，南部馬と称された同藩内の生産馬は，全国的に名声を得ていたとされる。特に後の青森県南部地方に相当する地域は，藩営9牧場のうち7つが集中していたことが示すように[3]，同藩馬産の中核地帯であったといえる。このため明治期に入っても，南部地方には他地方より多くの優良馬が存在しており（写真2-1），それ

---

3) 南部藩の藩営牧場9つのうち，住谷牧・相内牧・又重牧（三戸郡），木崎牧・蟻渡牧（上北郡），大間牧・奥戸牧（下北郡）の7つは青森県南部地方に，残る三崎牧・牝野牧の2つは岩手県久慈郡に置かれていた（青森県産馬組合連合会『青森県産馬要覧』1927年，p.4）。

に対して官民双方による洋種牡馬の導入が早期から行なわれることとなった[4]。もっとも明治初期・中期には改良馬の需要がほとんど存在しなかったため，その成績は概ね不良に終わったとされる[5]。一方，明治後期以降には陸軍が強力な軍馬政策を展開したことによって，馬匹改良が急速に進展していった。前時代の南部藩に代わる馬産の主導者として，陸軍が登場したのである。馬匹改良が他地方と比べて早期に進展した背景には，こうした歴史的経緯が存在した。

　第二に，青森県内の総馬数・生産頭数について（表2-1）。1907年における青森県の総馬数は約6万頭であったが，そのうちの56％を南部地方3郡が占めていた。また生産頭数では県全体の約8000頭に対して3郡の割合は84％に達しており，青森県馬産の大部分が同地方に集中していたことが分かる。その中で上北郡についてみると，総馬数では県全体の25％に過ぎないものの，生産頭数では41％までを占めており，県下最大の馬産地であったといえる。

　第三に，上北郡で生産された馬の種類について。南部藩時代の馬産は武家用乗馬が中心であったため，近代に入っても上北郡には乗馬型の繁殖牝馬が多く残されていた。そのため明治以降にも乗馬生産が続けられることとなり，例えば1902年（明治35）に県が定めた産馬改良方針の中では，次のように乗用種の洋種血統によって改良を進めることとされている。

---

4) 明治初頭の青森県における洋種牡馬の導入例として，官においては1871年開墾局から派遣された2頭（馬種不明），1877年勧農局から県に貸下げられた2頭（トロッター種・ペルシュロン種）があり，また民間においては広沢牧場による1872年1頭（英国産），1877年2頭（トロッター種・ペルシュロン種）の導入などがあげられる（帝国競馬協会編『日本馬政史』第5巻，1928年，pp. 117-118）。

5) 特に1887-88年に民間篤志家たちが輸入したアルゼリー種（軽乗馬）の産駒には骨格が繊弱なものが多かったため，「雑種馬ハ脆弱ニシテ実用ニ耐ヘストノ説ヲ唱フルモノ出テ雑種馬ノ価格頓ニ下落シ世間一般ノ気風ハ又回復スヘカラサルカ如キノ悲境ニ遭遇」したという（岩館精素編『三本木産馬組合要覧』，青森県三本木産馬組合，1910年，pp. 103-106）。

**写真 2-1　南部地方の在来馬**

1887年（明治10）頃の和種南部馬。現在，東北地方の在来馬は残存しておらず，その姿を残した貴重な写真といえる。明治初期において，東北地方の在来馬は他地方のものよりも優等とされていた。しかし後の改良馬（前掲，写真序-1の陸軍平時保管馬）と比較すると，体型がズングリとして後肢も貧弱であり，改良の余地が大きかった様子がうかがえる。

出典：小原平右衛門編『南部の誉・柏葉城の馬』青森県上北郡七戸産馬畜産組合，1938年（青森県立図書館所蔵），口絵。

表 2-1　青森県内の総馬数・馬生産頭数（1907 年）

| | 青森県全体 | うち南部地方 | | | |
|---|---|---|---|---|---|
| | | 上北郡 | 三戸郡 | 下北郡 | 3 郡計 |
| 総馬数（頭） | 60,681<br>100.0% | 14,975<br>24.7% | 16,971<br>28.0% | 2,212<br>3.6% | 34,158<br>56.3% |
| 馬生産頭数（頭） | 8,011<br>100.0% | 3,286<br>41.0% | 2,933<br>36.6% | 513<br>6.4% | 6,732<br>84.0% |

注：下段は県全体に占める割合。
出典：『青森県統計書』1907 年。

一，三戸，上北二郡（三戸，五戸，八戸，三本木，七戸，野辺地ノ各産馬組合ヲ含ミ南部馬ノ主産馬地トス）ハ乗用種即チ「サラブレッド」種「アングロアラブ」種ヲ主トシ若クハ「トロッター」種ヲ以テ改良ス[6]。

　また 1915 年に行なわれた産馬調査（前掲，表 1-7）をみても，上北郡内 3 つのセリ市場に上場された馬の大部分が軽種（乗用種）血統であったとされる。このように乗馬生産が中心であったことも，騎兵戦を主体とした明治期の陸軍が上北郡を馬匹改良の重要地域として認識した 1 つの理由であった。

## 2) 馬産経営階層

　次に上北郡で行なわれていた馬産経営形態について。前掲の岸は，七戸町での聞き取り調査を元にして，南部地方の馬産経営を次のように分類している。

　Ⅰ　企業的経営。……所謂民間牧場と称され，他の畜産も併行されるが馬産がその中心をなす。（後略）
　Ⅱ　農民的経営。……企業的経営を除いた大部分はこれに属する。更にその

---

6)　前掲，『日本馬政史』第 5 巻，p. 116。三戸，五戸，八戸の 3 組合は三戸郡，七戸，三本木，野辺地の 3 組合は上北郡にあった。

飼養規模によつて，
　(a) 零細経営……一～二（三）頭飼養農家。（後略）
　(b) 中規模経営……三～七（八）頭飼養農家。
Ⅲ　地主的経営。……直接馬の生産を営むというよりは馬小作に重点が置かれる。（後略）
　(a) 手作地主的経営……小作馬を出すと同時に自らの圃場の上で馬生産を行う。その規模は中規模（三～七頭）である場合が多い。
　(b) 寄生地主的経営……馬小作の規模は一般に前者より大きい。なお自ら圃場を営まず，厩舎ないし運動場の設備の上に馬飼養・生産を行う場合もあつた。その規模はせいぜい中規模に止まる。
Ⅳ　家畜商その他商人等の非農家による経営。……これは一般的に必ずしも多くはなかつたが，家畜商の場合は預託・馬小作をも併行し，その他非農家の場合は馬小作を主とし，稀に自らも生産を行つた。（後略）[7]

　このうちⅢ(b)の寄生地主的経営とⅣの家畜商などによる経営は自ら馬産をほとんど行なわず，それらの所有馬はⅡの農民的経営（主に(a)の零細経営）へ馬小作[8]に出されていた（Ⅱの飼養頭数には小作馬を含む）。したがって実際に馬産を行なっていた主な経営形態としては，Ⅰ企業的経営，Ⅱ(a)農民的零細経営，Ⅱ(b)農民的中規模経営（手作地主的経営を含む）の３つであったとされる。本章では以上の岸による区分に依拠しつつ，経営階層の違いによって馬匹改良政策への対応がどのように異なったのかについて検討したい。

　上記３種の馬産経営形態について，農事を含めた概況を簡単に述べておきたい。まず企業的経営については，その数が極めて限られていた。例えば1910年（明治43）の『青森県統計書』によると，上北郡内の民間牧場は広沢牧場（写真2-2），淋代牧場，萩沢牧場の３つのみであったとされる（表2-2）。ただし同時期にはその他にも，浜中牧場（1903年創立）と盛田牧場（1887年創

---

7)　岸英二，前掲論文，pp. 519-520。
8)　馬小作に関しては，序章注14を参照。

表2-2　上北郡内の民間牧場（1910年）

| 場　名 | 所在地名 | 創立年月 | 資本金 | 反　別 | 家畜頭数 | |
|---|---|---|---|---|---|---|
| | | | | | 馬 | 牛 |
| 萩沢牧場 | 七戸町萩沢 | 1869年4月 | 5,000円 | 631.5町歩 | 42 (42) | 12 (12) |
| 淋代牧場 | 三沢村淋代 | 1878年6月 | 12,800円 | 2112.6町歩 | 485 (−) | 290 (2) |
| 広沢牧場 | 三沢村谷地頭 | 1872年5月 | 26,064円 | 2390.3町歩 | 111 (35) | 54 (25) |

注：家畜頭数の括弧内は場内飼養，残りは他へ貸付。
出典：『青森県統計書』1910年。

立）が七戸町に存在したとされる[9]。いずれも5000円以上の資本金，600町歩以上の用地面積，50頭から700頭に及ぶ家畜頭数を有しており，以下の農民的経営との間には資本や経営規模の点で大きな隔たりがあった。

　一方，馬産経営の大部分を占めた農民的経営（零細・中規模）は，耕種農業の副業として行なわれていた。その飼養方法は，「我地方ノ慣例ハ冬季即チ十月下旬ヨリ翌年五月頃迄ハ厩舎ニ於テ飼養シ春季生草發芽ノ時ヲ待ツテ放牧ス……尤モ田畑ノ耕作時期及ビ秣刈ノ節等ニハ放牧地ヨリ牽キ来リテ使役ニ供ス」[10]というものであった。半牧半飼が一般的であり，農耕使役は農繁期に限られていたのである。また上北郡では乗馬型の馬が多かったことに加え，後述のように（繁殖）牝馬の割合が高かったことから，農耕使役も軽度なものに留められていた。例えば『青森県農事調査書』（1891年，明治24）においては，上北郡では田畑の耕起作業には馬が全く利用されず，馬の利用は田の耙耕に限られていたと記述されている[11]。

---

9) 小原平右衛門編『南部の誉・柏葉城の馬』，青森県上北郡七戸産馬畜産組合，1938年，pp. 122-123。
10) 岩舘精素，前掲書，pp. 127-128。
11) 「田ヲ耕起スルニ馬ヲ用ユルハ北津軽郡ノミニシテ……田ノ耙耕ニハ北津軽郡ハ大概馬耕トス其次ハ上北郡東津軽郡ニシテ……」「畑ニ於テ馬耕ノ多キハ北津軽郡ニシテ其割合人耕六分馬耕四分トス次ニ東津軽郡ニ於テ人耕八分馬耕二分ヲ用ユ他ハ概ネ人耕ナリ」（藤原正人編『青森県農事調査書』明治前期産業発達史資料別冊（14）I，明治文献資料刊行会，1966年，調査主眼の部，p. 30）

**写真 2-2　広沢牧場の風景**

明治期における典型的な士族授産型牧場。1872 年（明治 5），旧会津藩士の広沢安任（1830-91 年，写真右上）が，小川原湖東側にあった旧南部藩木崎牧の一部に開設した。当初は牛飼養を中心とした欧米式大農経営が行なわれたものの成績が振るわず，後に特殊用途馬（種牡馬や競走馬）の生産と馬小作を並行する経営に移行した。開設初期の経営状態については，安任の記した「開牧五年紀事」（青森県立図書館・青森県叢書刊行会『明治前期に於ける畜産誌』1952 年収録）に詳しい。
出典：岩舘精素編『青森県三本木産馬組合要覧』青森県三本木産馬組合，1910 年（青森県立図書館所蔵），口絵。

## 3) 馬政計画第一期の変化

前記のような特徴をもった上北郡産馬業の馬政計画第一期（1906-23年）における変化として，次の3つがあげられる。

①総馬数・生産頭数の減少

上北郡の総馬数・生産頭数の推移をみると（表2-3），1907-19年に洋雑種の割合が35％から85％に上昇したのと並行して，総馬数は約1万5000頭から1万4000頭へ，生産頭数も約3300頭から2900頭へ減少したことが確認される。その一方，牝馬頭数は約1万2000頭でほとんど変化していない。このことは，馬匹改良の進展と同時に繁殖利用されない牝馬が増加したことを表わしている。

②1戸平均飼養頭数の減少

馬産経営規模については明治期の資料が存在しないため，入手出来る範囲で最も古い1926年（大正15）の数値をあげた（表2-4）。これを前掲の岸による経営階層区分に対応させると，1頭飼養戸と2頭飼養戸は農民的零細経営，3・4頭飼養戸及び5頭以上飼養戸の大部分が農民的中規模経営，5頭以上飼養戸の数戸が企業的経営となり，農民的零細経営が75％と圧倒的比重を占めていたことになる。この年の1戸平均飼養頭数は2.38頭であった。同年以前には1921年に2.42頭という数値が残されており[12]，また1907年の三本木産馬組合区では1戸平均所有頭数が3.81頭であったとされる[13]。これら

---

12) 総馬数1万4743頭，飼養戸数6085戸（『青森県統計書』1921年）。また上北郡内の総馬数/専業農家戸数の割合も，1907年3.07頭/戸（1万7130頭/5581戸）から1926年1.48頭/戸（1万3545頭/9138戸）に低下しており，このことも馬飼養規模の零細化を間接的に示していると思われる。

13) 岩舘精素，前掲書，p.13。所有者と飼養者が組合区の内外に分かれない限り，飼養頭数も同じであったと考えられる。

表 2-3　上北郡の総馬数・生産頭数

| 年次 | 総馬数（頭） | 生産頭数（頭） | 牝馬頭数（頭） | 総馬数に占める割合 | | |
|---|---|---|---|---|---|---|
| | | | | 在来種 | 雑種 | 洋種 |
| 1907 年 | 14,975 | 3,286 | 12,228 | 65.5% | 33.6% | 0.9% |
| 1911 年 | 14,512 | 3,188 | 12,338 | 47.0% | 51.0% | 2.0% |
| 1915 年 | 14,649 | 3,066 | 12,239 | 32.7% | 63.6% | 3.5% |
| 1919 年 | 13,895 | 2,928 | 12,008 | 14.5% | 81.4% | 4.1% |

出典：『青森県統計書』各年。

表 2-4　上北郡内の頭数別馬飼養戸数（1926 年）

| 総馬数（頭） | 飼養戸数（戸） | 1戸平均飼養頭数（頭/戸） | 飼養頭数別戸数（戸） | | | |
|---|---|---|---|---|---|---|
| | | | 1頭 | 2頭 | 3・4頭 | 5頭以上 |
| 13,545 | 5,692 | 2.38 | 2,683 | 1,572 | 1,001 | 436 |
| | | | 47.1% | 27.6% | 17.6% | 7.7% |

注：飼養頭数別戸数の下段は、飼養戸数全体に占める割合。
出典：『青森県統計書』1926 年。

を総合すると、1900年代から1910年代にかけて1戸平均飼養頭数が減少した結果、表2-4のように1頭飼養戸が半数近くを占めるに至ったものと思われる。

　この1頭飼養戸の存在は何を示すのか。前述のように上北郡では牝馬の割合が圧倒的に高く、1926年でも4歳以上の馬8810頭のうち8163頭が牝馬によって占められていた。農耕に使役出来ない幼駒を1頭だけを飼うケースは稀であろうから、上記1頭飼養戸の大部分は牝馬を飼養していたと考えられる。ただし上北郡では生産馬が2歳秋季に売却されたため、隔年以上の頻度で繁殖を行なえば、少なくとも常に2頭が飼養されていたはずである。したがって上記の1頭飼養戸こそが①にみられた繁殖利用されない牝馬を飼養した経営であり、すなわち生産頭数の減少は農民的零細経営を中心に起こっていたと考えられるのである。

③牛馬耕施行率の上昇

①②の変化と並行して，この時期の上北郡では牛馬耕（大部分は馬耕）の普及が進んでいった。耕地面積に対する牛馬耕の施行率をみると，1907年田3.3％・畑6.1％から，1924年田36.4％・畑26.0％へと大きく上昇しているのである[14]。前述した性別の偏りを考慮すると，こうした牛馬耕は牝馬によって行なわれていたことになる。繁殖利用と入れ替わるように，農耕利用が拡大していったのである。

以上，第一次馬政計画期の上北郡では，馬匹改良の進展と並行して総馬数と生産頭数，及び1戸平均飼養頭数が減少していった。その一方で牝馬頭数が維持されていたことは，主に農民的零細経営において馬産が行なわれなくなったことを意味する。また同時期における（牛）馬耕施行率の上昇は，そうした経営において馬の使役が強化されたことを表わしている。これらの変化に馬匹改良政策がどのように関与していたのかを，次節以降で検討する。

## 4) 馬匹改良施設と軍馬補充施設

上北郡は陸軍から馬匹改良や軍馬補充の重要地として位置づけられ，それらに関する施設が集中的に設置された（第1章第3節，及び図2-1）。ここでは各施設の変遷や規模について補足しておきたい。

まず馬匹改良に関する施設について。奥羽種馬牧場は1896年（明治29），七戸村と天間林村に跨る総面積2240町歩をもって設置された。その主な業務は国有種牡馬を生産することにあったが，場内生産の不足を補うために周辺のセリ市場において種牡馬候補馬を購買していた。1899年より周辺農家の繁殖牝馬に対する余勢種付[15]が開始され，さらに1906年からは馬産地各

---

14)『青森県統計書』1907年，24年。県全体の施行率については前掲，表1-6参照。

15) 余勢種付とは，種馬牧場の輸入種牡馬が国有繁殖牝馬に対する種付（国有種牡馬の生産）を行なった上で余力があった場合，民間繁殖牝馬に対して種付を行なうこと。

**写真 2-3 軍馬補充部三本木支部**

上：三本木支部正門。現在の十和田市官庁通りの入り口付近に位置した。支部本部の構内敷地だけでも 66ha に達し、三本木町市街地の約西半分を占めていたとされる。

下：同支部農場における女性の人夫雇用。副業機会に乏しい上北郡では、農家の貴重な現金収入源とされた。本書では触れられなかったが、軍馬補充部と周辺農家との間にはこうした関係も存在した。

出典：工藤祐『写真集 明治大正昭和 十和田』国書刊行会、1980年（立命館大学図書館所蔵）、p. 27, 30。

村に国有種牡馬を派遣するようになったが，1908年に青森種馬所が野辺地村に設置されると，後者の業務は同所に引き継がれ，本場では前者の余勢種付のみが継続された。こうした国の施設の他，県の施設として種馬育成所が1912年（大正元），七戸村に用地面積約100町歩をもって設置され，民間に県有種牡馬を供給していた[16]（1924年種畜場に改称）。

次に軍馬補充に関する施設について。まず軍馬補充部三本木支部（写真2-3）は，前身の軍馬局青森出張所が1885年（明治18）三本木村に設置され，1896年に上記のように改称された。三本木支部では乗馬を中心に約1500頭の軍馬が育成・調教され，騎兵戦を主体とした当時の陸軍にとって最も重要な軍馬補充部であったとされる。用地面積は1万4000町歩に及び，その多くを占めた放牧地は三戸郡や岩手県北部に置かれていたが，上北郡内だけの用地面積でも約3500町歩に達していた。育成馬の補充は，種馬牧場と同様に周辺のセリ市場で行なわれ，上北郡内では将校用・騎兵用乗馬の候補馬が主に購買されていた。また1906年（明治37）には，軍馬補充部七戸支部が天間林村に新設された。その用地面積は周辺の六ヶ所村・横浜村・甲地村等も合わせて約1万2000町歩に達し，鞍馬を中心に約1000頭が育成されていた。しかし同支部は1926年に軍縮の一環として三本木支部の派出部に格下げられ，用地面積7500町歩，収容馬数500頭程度に規模を縮小されている。

---

[16] 本論では馬匹改良に果たした県の役割について検討出来ないが，その影響力は以下の2点から陸軍や馬政主管と比べて小さかったといえる。第一に，青森県内の種牡馬約400頭のうち，国有が140頭を占めたのに対し，県有は80頭に留まっていた（1927年頃，青森県産馬組合連合会，前掲書，p. 12）。第二に，セリ市場での購買金額は陸軍6.1万円・馬政局2.1万円に対し，県は1.1万円に過ぎなかった（表2-7）。種牡馬の供給や市場での購買力といった点で，県は陸軍や馬政主管に劣っていたのである。こうした地方庁の影響力の小ささも，中央の馬政や陸軍と馬産農家が直結していたという馬産の特性を示している。またそのことが，後の時期に地方庁が軍馬政策に反発し，農家に牛飼養を奨励する遠因となった（第4章第4節2））。

## 第2節　種牡馬制度の整備

### 1）種牡馬検査法の制定

　馬匹改良を実現するためには，従来民間で供用されていた小型の在来種種牡馬を，軍需に適した大型の洋・雑種種牡馬に転換させる必要があった。このため小型種牡馬の供用を禁止する種牡馬制度が，1890年代から1900年代にかけて相次いで制定されている。

　まず1885年（明治18），農商務省は各道府県に対して種牡牛馬の取締方法を定めるように通達し，これを受けて青森県では同年に種牡牛馬取締規則が制定されている[17]。この段階では地方ごとに種牡牛馬の資格条件が異なっていたが，日清戦争以降には馬匹改良が国防上の急務となり，馬に関しては全国統一の徹底した種牡馬制度を確立することが求められた。こうして1897年に制定されたのが，種牡馬検査法である[18]（翌年より施行）。同法は「牡馬ハ此ノ法律ニ依リ毎年検査ヲ受ケ合格シタルモノニアラザレバ種付ニ使用スルコトヲ得ズ」（第1条）とするもので，その検査方法については，次の種牡馬検査法施行細則（同年），及び同法施行規則（1906年）によって規定された。

　まず施行細則では，種牡馬の資格は「一，年齢満四歳以上。二，体尺四尺五寸以上。三，強壮ニシテ骨格及ビ性質善良ナルモノ。四，悪癖又ハ遺伝病ナキモノ」とされた。概ね種牡馬として当然必要とされる条件であったといえるが，ここでは体格が大型であることが求められている点（第2項）に注目したい。一方，施行規則では「一，年齢満三歳以上又ハ次ノ種付期迄ニ満

---

17）この青森県の規則では，後述の種牡馬検査法に先駆け，種牡馬の条件として体尺4尺5寸以上であることがあげられていた（前掲，『日本馬政史』第5巻，1928年，p. 118）。

18）以下，この項の記述は帝国競馬協会編『日本馬政史』第4巻，1928年，pp. 294-304 による。

三歳ニ達スベキモノ。二，体格及性質善良ナルモノ。三，遺伝性欠点ナキモノ」と体格制限の項が外されたものの，同時に定められた「種牡馬検査事務取締手続」の中では「体尺ハ四尺八寸以上」と施行細則よりも高い基準が設けられている。

以上の検査基準とその引き上げは，種牡馬検査法の目的が小型な種牡馬を淘汰して，大型の種牡馬を増加させることにあったことを表わしている。また種牡馬検査の検査委員（2名以上）について，施行細則では「府県官吏獣医又ハ産馬業ニ経験アル者」から地方長官が選出するとされていたが，施行規則では「馬政局官吏及道庁府県官吏」からそれぞれ馬政長官・地方長官が選出し，その比率は馬政長官が決定することとされた。種牡馬検査に中央（陸軍省馬政局）の意向がより反映されるように変更されたものといえる。

## 2）国有種牡馬の供給

種牡馬検査法によって小型の民有種牡馬が淘汰されると同時に，その減少を補うものとして，馬匹改良に対応した大型の国有種牡馬が民間の繁殖牝馬に供用されるようになった。

青森県における国有種牡馬の供用は，前述の奥羽種馬牧場と青森種馬所を通して行なわれた。ただし両施設による国有種牡馬の種付は，どのような民間牝馬でも受けられたわけではない。種馬所種付規則（1902年，明治35）で定められた資格を満たした上で出願し，牝馬検査に合格する必要があったのである。その出願資格とは，「一，年齢満三歳以上ニシテ発育善良ナルモノ。二，身幹四尺五寸以上ナルコト。但シ体格特ニ優等ナルモノハ此ノ限リニアラズ。三，遺伝病又ハ悪癖ナキコト。四，体格優等性質善良体質健全ナルコト」[19]というものであった。ここでも体格が大型であること（第2項）が必要

---

19) 同書，p. 204。身幹とは，馬の胴回りの太さのこと。

とされており，この条件は必然的に小型の在来種牝馬よりも大型の洋・雑種牝馬に有利なものであった。軍の要求にそくした国有種牡馬を優等な繁殖牝馬に対して優先的に種付けすることで，出来るだけ短期間にかつ数多くの軍用適格馬を造成しようとする狙いが読み取られよう。また上記の種馬所種付規則は，1915年に国有種牡馬種付規則へと改正された。その際，従来単年であった種付合格証（写真2-4）の有効期間が，特に優等な牝馬に限って3年に延長されている。煩雑な検査手続を省略することで，より多くの優等牝馬を国有種牡馬の種付に集めようとしたものと思われる。

### 3）国有種牡馬と民有種牡馬の比較

　上記のように種牡馬制度が整備されたことで，青森県においても民間の小型な在来種種牡馬が減少し，国有種牡馬の供用が増加することとなった。その様子を以下に確認したい。

　第一に，青森県における所有別種牡馬頭数の変化について（表2-5）。まず注目されるのは，民有種牡馬の頭数が種牡馬検査法の施行直前（1897年）の787頭から施行後（1901年）の509頭に大きく減少していることである。血種別では洋種・雑種が増加する一方，在来種は1/3以下となっており，ここに種牡馬検査法の影響をみることが出来る。さらに1910年からは雑種から洋種への転換が始まり，その過程で在来種種牡馬は完全に姿を消すこととなった。次に国有種牡馬についてみると，1899年に供給が開始されて以降，一貫して増加を続けている。ただし国有・民有を合わせた種牡馬総頭数は1897年から1921年にかけて約半減しており，この種牡馬という生産手段の減少が生産頭数減少の1つの要因であったと考えられる。

　第二に，上記の民有・国有種牡馬がどのような牝馬に種付けしていたのかについて。民有種牡馬の種付状況は不明であるため，国有種牡馬に関する統計をあげた（表2-6）。国有種牡馬の種付を受けていた割合は，繁殖牝馬のも

表 2-5　青森県下の所有別種牡馬頭数

| 年次 | 民有種牡馬 | | | | 余勢種付 | 国有種牡馬 | | 種牡馬 |
| --- | --- | --- | --- | --- | --- | --- | --- | --- |
| | 在来種 | 雑種 | 洋種 | 総頭数 | | 種馬所 | 総頭数 | 総頭数 |
| 1897 年 | 609 | 161 | 17 | 787 | 0 | 0 | 0 | 787 |
| 1901 年 | 192 | 278 | 39 | 509 | 11 | 0 | 11 | 520 |
| 1906 年 | 24 | 278 | 60 | 362 | 21 | 0 | 21 | 383 |
| 1910 年 | 6 | 265 | 118 | 389 | 9 | 25 | 34 | 423 |
| 1916 年 | 0 | 155 | 181 | 336 | 7 | 62 | 69 | 405 |
| 1921 年 | 0 | 134 | 175 | 309 | 9 | 92 | 101 | 408 |

注：国有種牡馬のうち，余勢種付とは奥羽種馬牧場の余勢種付を指す。
出典：国有種牡馬は『日本馬政史』第4巻，民有種牡馬の1897-1906年は『牧畜雑誌』各号，1910年は『畜産統計』1916年，21年は『青森県統計書』1921年より。

表 2-6　血統別牝馬頭数と国有種牡馬の種付頭数

| 年次 | 洋種牝馬 | | | 雑種牝馬 | | | 在来種牝馬 | | |
| --- | --- | --- | --- | --- | --- | --- | --- | --- | --- |
| | 頭数 | 国有種付 | 割合 | 頭数 | 国有種付 | 割合 | 頭数 | 国有種付 | 割合 |
| 1900 年 | 20 | 5 | 25.0% | 2,131 | 17 | 0.8% | 50,328 | 12 | 0.0% |
| 1905 年 | 61 | 28 | 45.9% | 8,589 | 149 | 1.7% | 37,771 | 66 | 0.2% |
| 1910 年 | 503 | 276 | 54.9% | 17,123 | 591 | 3.5% | 25,567 | 137 | 0.5% |
| 1915 年 | 947 | 455 | 48.0% | 25,698 | 1,873 | 7.3% | 15,729 | 141 | 0.9% |
| 1920 年 | 1,692 | 730 | 43.1% | 31,468 | 3,094 | 9.8% | 7,272 | 70 | 1.0% |

注：頭数には，繁殖に用いられない3歳以下の牝馬を含む。国有種付とは，奥羽種馬牧場による余勢種付頭数と青森種馬所による国有種牡馬の種付頭数の計。割合は牝馬頭数に占める国有種付頭数の割合。
出典：牝馬頭数は『青森県統計書』各年，国有種付は『日本馬政史』第4巻，pp. 178-180, 265-266。

つ洋種血量によって大きく異なる。まず洋種牝馬の場合には，その急激な頭数の増加に関わらず，1905年以降一貫して40％以上となっている。当時は隔年種付が主流であったこと（半数は種付せず），牝馬頭数の中に幼駒も含まれることを考慮すると，洋種牝馬への種付は大部分が国有種牡馬であったと考えられる。これに対し，在来種牝馬の場合には，常に1％以下となっている。先にみた種馬所種付規則と国有種牡馬種付規則による体格制限の影響であろう。これらの傾向から，洋種と在来種の中間にあった雑種牝馬の場合には，改良の進んだ（洋種血量の多い）ものほど国有種牡馬の種付が多かったと考えられる。

以上のような国有種牡馬の種付状況を裏返すと，民有種牡馬の種付は在来

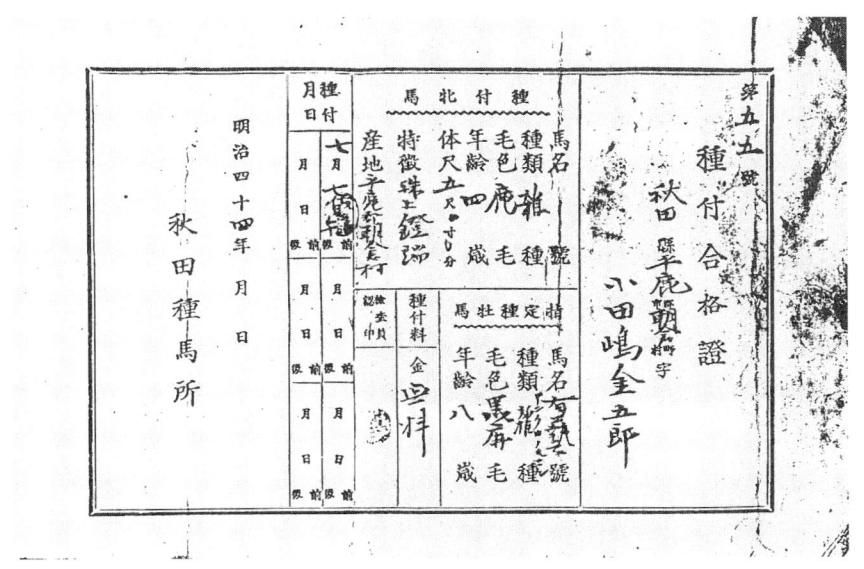

**写真 2-4　国有種牡馬の種付合格証**
1911年（明治44）秋田種馬所で交付されたもの。年齢4歳，体尺5尺の雑種牝馬に対して，アングロノルマン雑種の国有種牡馬の種付が指定され，また実際7月7日に種付を受けたことが示されている。
出典：千葉清悦『嘶き』DIフォト出版，1985年（秋田県立図書館所蔵），p. 126。

種牝馬や，雑種牝馬の中でも洋種血量の少ない退却雑種を中心に行なわれていたことになる。ただし前述のように，種牡馬検査法によって民有種牡馬は大幅に減少していたため，在来種や退却雑種の牝馬を繁殖に用いた場合には，国有種牡馬の種付を受けられず，かつ民有種牡馬も十分に得られないといった二重の生産制限をかけられていたと考えられる。

## 第3節　種牡馬購買・軍馬購買

### 1）セリ市場の景況

　上記の種牡馬制度のほか，馬産地のセリ市場において馬政局と陸軍が改良された馬を高額で買い上げていたことも，馬匹改良に対する馬産農家の意欲を増進させるという点で馬匹改良政策の1つであったといえる。

　近世南部藩では民間で生産された牡馬を2歳秋季のセリ市場に上場しなければならない取り決めがあり，この慣習は近代に入っても1884年（明治17）の南部三郡産馬取締規則（県令）によって引き継がれた[20]。この2歳牡馬セリ市場において，奥羽種馬牧場と青森県種畜場は種牡馬候補馬の購買（以下，種牡馬購買）を，軍馬補充部は軍用候補馬の購買（同，軍馬購買）をそれぞれ行なっていた。その内訳を示したのが，表2-7である。同表は青森県全体のものであるが，上北郡は県内生産の約4割を占めていたため，大まかな傾向をみる分には差し支えないだろう。

　まず種畜用という特殊な用途であった国・県による種牡馬購買は，平均価格が概ね1000円以上と著しく高かった。ただしその購買頭数は両者を合わせても50頭に満たず，全体に対する割合は1％程度に過ぎなかった。

　種牡馬を除いた使役馬の中では，軍馬購買の平均価格が全体平均の約1.5倍から2倍と高かった点に注目される。その理由の1つは，使役馬の中でも特に優等なものを選別していたことにあった。例えば1897年の軍馬選定規則の中では，体高について騎兵乗馬4尺8寸〜5尺2寸（1.45-1.58 m），砲兵輓馬4尺8寸〜5尺4寸（1.45-1.64 m），輜重輓馬4尺7寸〜4尺9寸（1.42-

---

20)「其組合内ニ生産ノ牡馬ハ私ニ組合外ニ売却スルヲ許サス総テ弐歳ニ至リ其ノセリ駒市場ニ於テセリ払ニ付セシム」（岩舘精素，前掲書，p. 7）

表 2-7　青森県 2 歳牡馬セリ市場

| 年次 | 全体 | | 軍馬購買 | | 国種牡馬購買 | | 県種牡馬購買 | | 1905年を100とした物価指数 |
|---|---|---|---|---|---|---|---|---|---|
| | 頭数（頭） | 平均価格（円/頭） | 頭数（頭） | 平均価格（円/頭） | 頭数（頭） | 平均価格（円/頭） | 頭数（頭） | 平均価格（円/頭） | |
| 1905年 | 3,799 | 55.4 | 353 | 93.0 | − | − | − | − | 100.0 |
| 1910年 | 3,658 | 69.3 | 444 | 129.7 | 14 | 1,050.0 | 16 | 1,427.6 | 105.0 |
| 1915年 | 3,624 | 67.9 | 505 | 130.7 | 24 | 856.3 | 13 | 869.2 | 103.8 |
| 1920年 | 3,448 | 214.9 | 509 | 347.8 | 31 | 1,231.9 | 11 | 1,309.1 | 278.1 |
| 1925年 | 2,971 | 209.8 | 360 | 344.7 | 26 | 1,159.6 | 13 | 1,200.0 | 244.3 |

注：国・県の種牡馬購買は 1906 年から開始された。
出典：青森県産馬組合連合会『青森県産馬要覧』1927 年，pp. 20-23，商工大臣官房統計課編『卸売物価統計表』東京統計協会，1926 年，29 年。

1.48 m）といった基準が示されている[21]。体高 5 尺以上といえば当時の国内馬の上位 2% 未満に過ぎず（前掲，表 1-1），軍馬に求められた体格はかなりの高水準であったといえる。

　もう 1 つの理由には，馬産農家を馬匹改良に利益誘導することがあった。あえて相場価格よりも高く買い上げることによって，馬産農家に軍用向けの改良馬が高い利益を生むことを印象づけ，そうした馬を生産するように仕向けたのである[22]。「産業奨励の最大の途は産物を高く買ってやること」にあったが，この単純でありながらも通常は困難な事業を，「軍馬御用」と呼ばれた軍馬購買は実行してみせたのであった[23]。

　こうした軍馬購買の市場全体に対する割合は，県全体の平均で 1 割程度に過ぎなかったが，優等馬を多く産する地区に限定すると，その割合は 2 割を

---

21) 前掲，『日本馬政史』第 4 巻，p. 326。なお同規則には，馬種に関する制限が設けられていない。このことは，軍馬の条件として体格の大きさが優先され，馬種は二の次とされていたことを示唆している。
22) 「陸軍は我産馬界の最大需用者たりと雖も，其買上価格の高からざる限り良馬の生産を望み能はざるや明なり」（今井吉平「軍馬買上價格に就て」『牧畜雑誌』第 292 号，1909 年 2 月，p. 1）。
23) 軍馬補充部三本木支部創立百周年記念実行委員会編『軍馬のころ―軍馬補充部三本木支部創立百周年記念誌―』1987 年，発刊に寄せて。

超えていた。上北郡内で最も軍馬と結びつきが強かった三本木産馬組合（写真2-5）を例にとると，1908年にセリ市場で取り引きされた2歳牡馬690頭のうち，軍馬購買を受けた割合は組合区内8村平均で13.0％であったのに対し，村別では法奥沢村25.4％，四和村23.2％といった地区が存在したのである[24]。こうした地区では，次のように軍馬購買が馬産農家の最大の生産目標とされ，積極的に馬匹改良を行なう原動力となっていた。

　　軍馬（軍馬補充部のこと，引用者注）が出来てからは，軍馬ウマを目ざして飼育し，よく軍馬に売れたそうである。七戸でのセリでは，価格の高い順からいえば，一番は農林省（種馬）買上げ，二番は将校乗用馬，三番は軍馬御用その次は一般の馬で，一番は八百円以上，二番は六百円，三番は三百五十円，一般は最低は三十円からさまざまという具合で，外蛯沢ではこの二番と三番が殆どだったという。……このようなわけで大正末期，米が一俵四，五円していた時代を思えば非常によい仕事であった訳だ[25]。

## 2）種牡馬制度との関連

　上記のような種牡馬購買・軍馬購買と第2節でみた種牡馬制度との関連性を明らかにするため，表2-8に所有別種牡馬産駒の価格（1926年，大正15）をあげた。表中の種馬牧場余勢種付産駒とは奥羽種馬牧場の余勢種付による生産馬を，種付所国有種牡馬産駒とは青森種馬所から派遣された国有種牡馬による生産馬を指す（第1節4）参照）。まず最高価格をみると，いずれの産駒でも1000円を超えている。前掲表2-7の1925年と対比させると，これらは種牡馬購買によるものと思われる。特に種馬牧場余勢種付産駒の場合には，平均価格でも1400円に達しており，大部分が種牡馬購買を受けていたと考えられる。

---

24) 岩舘精素，前掲書，pp. 53-66。
25) 東北町立蛯沢小学校創立百周年記念協賛会編『蛯沢百年』1977年，p. 245。

**写真 2-5　三本木産馬組合**

青森県上北郡三本木町（現十和田市）字瀬戸山にあった三本木産馬組合事務所。写真はセリ市場開催時の様子で，左手奥にみえる吹き抜け部分で取引が行なわれた。馬主とその家族，家畜商，見物人などで広場が埋め尽されており，同組合セリ市場の盛況ぶりがうかがえる。本組合と軍馬補充部三本木支部の2つが，当時の三本木町経済を支える大きな柱であった。
出典：前掲，『写真集 明治大正昭和 十和田』，p. 24。

表 2-8　所有別種牡馬産駒の価格 (1926 年青森県)

| 所　有 | 頭　数（頭） | 平　均（頭/円） | 最　高（円） | 最　低（円） |
|---|---|---|---|---|
| 種馬牧場余勢種付産駒 | 41 | 1,459.3 | 5,000 | 176 |
| 種馬所国有種牡馬産駒 | 1,617 | 231.2 | 8,000 | 30 |
| 民有種牡馬産駒 | 3,612 | 168.5 | 1,800 | 26 |
|  | 206 | 160.9 | 1,600 | 50 |

注：民有種牡馬産駒下段は，国有種牡馬の貸付種牡馬産駒を示す。
出典：青森県産馬組合連合会『青森県産馬要覧』1936 年，p. 33。

　次に種馬所国有種牡馬産駒と民有種牡馬産駒の平均価格・最低価格を比べると，どちらも前者が後者を上回っている。前述のように軍馬は使役馬の中でも高価格帯に位置していたため，軍馬購買は種馬所国有種牡馬産駒を中心に行なわれていたことになる。また以上の傾向は，先にみた種牡馬制度とセリ市場における種牡馬購買・軍馬購買が連動していたことを意味している。すなわち，国有種牡馬の種付を受けられれば，その生産馬は種牡馬や軍馬として高額で購買され，そのことで馬匹改良に対する意欲が一層増進されるといったサイクルが存在したのである。

### 3）馬産経営階層との対応

　前節と本節でみてきたように，馬産地における馬匹改良政策とは，改良が進んだ洋雑種の大型な繁殖牝馬に対して集中的に国有種牡馬を供用し，その産駒をセリ市場において種牡馬・軍馬として高額で買い上げるというものであった。またそれと同時に，在来種や退却雑種の小型な繁殖牝馬に対しては種付を制限し，在来種血統の淘汰を推し進めるものでもあった。馬匹改良政策の影響は，繁殖牝馬の優劣によって明暗が分かれたのである。ではこうした違いは，馬産経営階層とどのような対応関係にあったのだろうか。

　前掲の岸は，企業的経営は競走馬を主とした特殊高級馬，農民的経営は軍

馬・農耕馬その他の普通馬の生産といった住み分けがなされており，両者は市場において競合関係になかったと述べている[26]。またその理由として，以下の点をあげている。まず競走馬生産に関しては，売却価格が極めて高い反面，多くの投資が必要であったため，豊富な資本力をもつ企業的経営しか行なうことが出来なかった。本論が対象とする競馬法施行（1923年，大正12）以前の時期では，種牡馬生産について同様のことがいえよう。次に軍馬を含んだ使役馬の生産に関しては，総じて売却価格が低廉であり，馬産部門のみでは収支が赤字となっていた。そのため馬産部門における収入の不足を，耕種部門に対する現物支給（厩肥や畜力）によって相殺することの出来た農民的経営においてのみ成立した，というものである。

以上の岸による分析に，農民的中規模経営と零細経営の違いを補足して整理すると，馬政計画第一期における馬匹改良政策と馬産経営階層との間には，次のような関係が存在していたと考えられる。

まず企業的経営においては，主に種牡馬の生産が行なわれていた。繁殖牝馬には洋種やそれに準じた洋種血量の多い雑種が多く，国有種牡馬を中心とした種付（特に種馬牧場余勢種付）から得られた産駒は，国及び県によって種牡馬として購買されていた[27]。

一方，馬産経営の大部分を占めた農民的経営においては，軍馬を含む使役馬の生産が行なわれていた。その内部での階層差について注意すべきなのは，一般に洋種血量が増えるほど馬の購入費は高くなり，また集約的な管理が必要であったという傾向である[28]。このことから改良の進んだ繁殖牝馬を飼養

---

26) 岸英次，前掲論文，p. 562。また同論文の中では，大地主＝サラ，中農＝軍馬，一般農民＝農耕馬という形で経営階層により飼養（生産）品種が異なったとする資料も紹介されている（同論文，p. 569。原典は盛田達三『七戸町産業一つの資料』）。
27) 例えば広沢牧場（前掲，表2-2及び写真2-2）では，創業1872年から1910年頃までの約40年間に「種畜用弐歳牡馬」として計109頭が購買されたという（岩舘精素，前掲書，pp. 180–181）。
28)「改良は常に体質の強健を犠牲に供すること，是れ実に免るべからる所なれば，之を

出来たのは，農民的経営の中でも資金や労働力に富んだ経営規模の大きな層に偏っていたと考えられる。またこの時期には，牝馬を1頭だけ飼養するような零細経営を中心に生産が減少していた（第1節3））。これらの点を総合すると，農民的経営の中でも，中規模経営においては改良の進んだ雑種の繁殖牝馬が多く，零細経営においては在来種・退却雑種の繁殖牝馬が多かったものと思われる。すなわち国有種牡馬の種付（主に種馬所種付）を受けて，その産駒を軍馬購買されていたのは中規模経営であり，反対にそうした馬産保護を受けられず，生産制限の対象となっていたのは農民的零細経営であったと考えられるのである。

## 第4節　陸軍の牧野政策

### 1）牧野の不足

牧野（放牧地・採草地）に関する政策は，厳密にいえば馬匹改良政策（血統更新に関する政策）に含まれない。しかし当該期には，陸軍が馬政主管となったことで馬匹改良と連携した政策が行なわれることとなったため，ここで取りあげておきたい。

まず上北郡内の所有別森林・原野面積をみると（表2-9），森林では国有地が約8割，原野では御料地が約5割と大きな割合を占めている。これは明治初期に行なわれた林野官民有区分の際に，郡南西部の十和田湖周辺に存在した森林の多くが国有地へ，北東部の小川原湖周辺に存在した原野の多くが御料地へ，それぞれ編入されたためであった。こうしたことから，上北郡で

---

管理するに於て良草を用ひざるべからず，保護を厚ふせざるべからず，管理にその道を以てせざるべからず」（横井時敬「経済上より観たる牛馬改良の方針」『牧畜雑誌』第311号，1911年9月，pp. 31-32）。

は森林・原野の一部を利用した牧野に関しても，国有地・御料地の割合が高かった。当該期における郡全体の統計を欠くものの，例えば1909年（明治42）の三本木産馬組合区では8村24ヶ所の放牧地1万5197町歩のうち，半分近くが国有地・御料地で占められていたとされる（表2-10）。

こうした牧野は，全体的に不足状態にあったことが当時より指摘されている。上記の三本木産馬組合区を例にとると，「放牧地ノ概況」（1909年）として次のような記述がみられる。

> 従来地方飼養ノ牛馬ハ維新前ニ在リテハ藩有ノ森林原野ニ自由ニ之ヲ放牧シ来シカ維新後ニ至リテハ官地民地ノ区域ヲ定メ殊ニ近年ニ至リテハ一層林野ノ制度厳重トナリ植林ノ経営ハ益々進ムト同時ニ人口ノ増殖ハ林野ヲ変シテ墾熟ノ田地ニ化シ加之二百町歩以上ノ原野ハ大半御料地ニ編入セラレテ種々ノ起業地トナリ又陸軍省ハ軍馬育成ノ為メ数千町歩ノ林野ヲ占有シタルニヨリ従来豊富ナリシ我地方ノ放牧地ハ年ヲ追フテ縮小セラレ人身ヲ没シタル良草モ今ヤ其長ケ僅カニ二三寸ニ過キサルノ状態ニ陥レリ[29]

この中からは，林野の官民有区分によって牧野の利用面積が減少したこと，近年は林野制度の強化[30]や植林・開墾事業の進展によって更に縮小傾向にあること，そのため残された牧野への過放牧が進んで草生が低下したこと，などが読み取られる。

ただし，具体的にどれだけの牧野面積が不足していたのかを特定することは難しい。馬1頭当たりに必要な牧野面積は，馬種や飼養形態，草生などによって容易に変化するからである。ここでは陸軍による放牧調査をもとに，

---

29) 岩舘精素，前掲書，pp. 124-125。
30) 国有・御料林野における入会地的利用の禁止や，牧野利用の有料化のことを指す。「維新前は南部地方は山野広漠，到る所野草繁茂し民有地は勿論官有地と雖無料で自由に放牧採草を許され……然るに維新後官有林野の取締漸次厳重を加へ放牧採草を許さず……更に官有林野作業計画成り放牧採草地を厳重に局限し且つ放牧料金も亦漸次騰貴した」（東奥日報社編『青森県総覧』1928年，pp. 517-518）。

表2-9　上北郡内の所有別森林・原野面積

| 年次 | 森林 | | | | 原野 | | | |
|---|---|---|---|---|---|---|---|---|
| | 国有地 | 御料地 | 民有地 | 合計 | 国有地 | 御料地 | 民有地 | 合計 |
| 1907年 | 115,296 | 1,050 | 11,938 | 128,283 | 13,816 | 27,496 | 12,224 | 53,536 |
| | 89.9% | 0.8% | 9.3% | | 25.8% | 51.4% | 22.8% | |
| 1912年 | 67,227 | 815 | 14,774 | 82,816 | 3,622 | 25,455 | 15,682 | 44,759 |
| | 81.2% | 1.0% | 17.8% | | 8.1% | 56.9% | 35.0% | |
| 1919年 | 77,258 | 165 | 20,364 | 97,787 | 3,394 | 22,862 | 23,399 | 49,655 |
| | 79.0% | 0.2% | 20.8% | | 6.8% | 46.0% | 47.1% | |
| 1924年 | 75,468 | 833 | 18,525 | 94,826 | 2,043 | 22,934 | 17,575 | 42,551 |
| | 79.6% | 0.9% | 19.5% | | 4.8% | 53.9% | 41.3% | |

注：単位は町歩。下段は合計に占める割合。
出典：『青森県統計書』各年。

表2-10　三本木産馬組合区内の放牧地（1909年）

| 村名 | 放牧地 | 面積（町歩） | 村名 | 放牧地 | 面積（町歩） |
|---|---|---|---|---|---|
| 三本木村 | 稲生町放牧地 | 私有72 | 六戸村 | 折茂放牧地 | 私有166 |
| | 元村放牧地 | 私有105 | | 犬落瀬放牧地 | 御料267, 私有234 |
| | 切田放牧地 | 国有1,005, 私有128 | | 上吉田放牧地 | 私有37 |
| 藤坂村 | 相坂放牧地 | 私有384 | | 下吉田放牧地 | 国有29 |
| | 藤島放牧地 | 私有15 | | 鶴喰放牧地 | 私有55 |
| 四和村 | 伝法寺放牧地 | 私有83 | | 小平放牧地 | 私有12 |
| | 米田放牧地 | 国有370, 私有278 | 下田村 | 下田放牧地 | 不明750 |
| | 滝沢放牧地 | 国有810, 私有435 | 百石村 | 百石村放牧地 | 御料400 |
| | 大不動放牧地 | 私有179 | 三沢村 | 三沢村南方面有志団体放牧地 | 私有2,022 |
| 法奥沢村 | 沢田放牧地 | 国有352 | | 天ヶ森並其附近放牧地 | 御料339 |
| | 奥瀬放牧地 | 国有137, 私有1,000 | | 広沢牧場牛馬放牧地 | 私有2,383 |
| | 沢田, 大不動, 切田, 三本木ノ有志共同放牧地 | 国有2,710 | 合計 | 15,947<br>（国有5,853, 御料1,006, 私有7,588, 不明750） | |
| | 法量放牧地 | 国有440 | | | |

注：合計と合わない部分も原典のままとした。
出典：前掲，『三本木産馬組合要覧』, pp. 125-127。

前述の三本木産馬組合区の放牧地について検討してみたい。1892年に三本木軍馬育成所（後の軍馬補充部三本木支部）が行なった調査によると、年間180日放牧した場合には1頭当たり3町歩の放牧地が必要であったとされる[31]。これに対し、1909年末の三本木産馬組合区における総馬数は7222頭（成馬5218頭・幼駒2004頭）であった。1頭当たりの放牧地面積を成馬は上記の3町歩、幼駒はその0.8倍[32]の2.4町歩として計算すると、上記の総馬数に対しては2万464町歩の放牧地が必要であったこととなる。実際の三本木産馬組合区内における放牧地面積は1万5197町歩であったため（前掲、表2-10）、差し引き約5000町歩が不足していた計算となり、全体として放牧地が不足していた状況は十分確認することが出来よう[33]。ただし以上の計算は、あくまで組合区全体の平均であることには注意したい。村別の放牧地面積には400町歩程度から4000町歩以上まで幅広いバラつきがみられ、その不足の程度も大きく異なっていたと考えられる。

　また1907-24年の上北郡では、民有林野面積が約7000町歩増加しており（前掲表2-8）、同期間に耕地面積は約5000町歩拡大していた（田5826町歩から8252町歩、畑1万3516町歩から1万5840町歩）。これらのことは、上記1909年以降にも植林・開墾事業によって牧野面積が一層縮小していったことを間接的に表わしている。

---

31) 前掲、『日本馬政史』第5巻、pp. 128-129。ただし草生の維持を考慮すると、その倍の6町歩が必要であったとも記されている。
32) 幼駒を牡馬の0.8倍としたのは、1937年前後の茨城県高萩試験地における放牧実験の結果（幼駒1.90 ha・牝馬2.37 ha）にもとづく（梶井功『畜産の展開と土地利用』梶井功著作集第6巻、筑波書房、1988年、p. 79）。
33) 幼駒頭数2004頭（当歳1519頭・2歳485頭）は年末の数値であるため、秋季セリ市場で組合区外に売却された2歳馬が含まれていない。また牛の放牧も考慮すると、実際に不足していた放牧地面積は5000町歩よりも更に多かったと考えられる。

## 2）国有林野馬産供用限定地制度

　上記のような牧野の不足は，国の馬政諮問機関であった馬匹調査会（1897年，明治30）や臨時馬制調査委員会（1904年）などにおいて早期より議題としてとり上げられていたものの，具体的な対策が実行されるまでに至らなかった。こうした状況に対し，軍馬として放牧で育成された馬を望んでいた陸軍は[34]，牧野の不足によって軍馬の補充に支障を来たすことを盛んに危惧していた。このため陸軍は馬政主管（馬政局）を掌握した後，林野の主管である農商務省山林局との間で牧野をめぐる交渉を行ない，1916年（大正5）に国有林野内に馬産供用限定地を設置する協定をとり付けている[35]。その制度の主旨は，「従来放牧又ハ採草ノ慣行アル国有林野ヲ林区署ニ於ケル施業林地ト馬産事業上必要ナル放牧並採草地トニ分割シ馬匹ハ其ノ現在数ヲ維持スルノ目的ヲ以テ右頭数中従来国有林野ニ依リ生産飼育シタル慣行アルモノノ為限定地ヲ設ケ」るというものであった。ただしその限定地とは，「町村有地又ハ民有地ニシテ現在産馬ニ使用スルモノハ放牧地タルト採草地タルトヲ問ハズ産馬供用地トシテ之ヲ使用スルハ当然ニシテ其ノ不足ヲ国有林野ニ仰グベキモノ」（第9条）に過ぎず，また「一旦限定地決定ノ上ハ独リニ他ノ国有林野ノ使用ヲ許サレサル」という注記が付されていた。こうした点から，梶井功は同制度について，「利用面積が減少することはあっても拡大することはないような「協定」」に過ぎず，「馬産の基盤としての牧野を「限定」確

---

34) 「軍馬育成上舎飼セルモノヨリ放牧シタルモノハ，其ノ成績遥カニ可良デアッテ之ヲ調教シ，又ハ之ヲ実地ニ使役スルニ際シテ両者ノ差実ニ画然タルモノアリ」（前掲，『日本馬政史』第5巻，p. 138）。

35) 以下の引用文は，神翁顕彰会編『続日本馬政史』第1巻，1963年，pp. 846-849より。また御料林野における放牧・採草利用の制度は明らかでないが，国有林野に比べて植林，開墾の影響は少なかったようである。例えば御料地の多かった上北郡北東部の六ヶ所村では，御料原野を部落ごとに借り入れて，自身の飼養馬の外，他村からの預託馬もそこに放牧して手数料を得ることが行なわれたとされる（青森県教育委員会編『むつ小川原地区民族資料緊急調査報告書』第1，2次，1974年）。

保し，林地化による縮小から保護しようとしたものというよりは，むしろ造林地を保護するために牧野を縮小出来るギリギリまで圧縮し，それ以上にはならないように「限定」したもの」と評価している[36]。馬産供用限定地制度とは，牧野不足を解消するどころか，「馬匹ハ其ノ現在数ヲ維持スル」ことすら覚束ないものだったのである。

### 3) 牧野政策と馬匹改良政策

　上記の陸軍による牧野政策と，前節までにみた馬匹改良政策との関連性について若干考察しておきたい。

　前述のように牧野の不足は明治中期より問題化していたものの，馬政主管が農商務省内にあった時期には具体的な対策がとられるまでに至らなかった。これに対し，陸軍が馬政主管を握ったことで林政に対する交渉力が強まり，国有林野の馬産供用限定地制度が設けられたことは，同時期における馬産・馬政の特殊性を強く示す出来事であったといえる。ただし，馬産農家が必要としたのがすべての馬に対する牧野であったのに対し，陸軍（馬政局）が確保に奔走したのは当面の軍用適格馬に対する牧野のみであった。この温度差が，牧野の拡大はおろか，その減少すら阻止出来なかった一因であろう。陸軍がいかに軍馬資源確保のための牧野の重要性を主張しても，植林事業や開墾事業を妨げてまで拡大させることは困難であった。そのため既存の牧野を馬匹改良に対する貢献度の高い馬産経営に集中させ，反対にそれの低い零細馬産経営については切り捨ても止むを得ないと認識していたと考えられるのである。

　また上北郡内に設置された種馬牧場や軍馬補充部は，数千町歩にも及ぶ用地面積を有していた（写真2-6）。その中には従来民間の牧野として利用され

---

[36] 梶井功，前掲書，pp. 95-97。

ていた土地も含まれており，そうした施設の設置が牧野の不足に拍車をかけたという側面もあった[37]。以下に引用した天間林村の一農民の日記では，そのことが鋭く批判されている。このように馬産関連施設の設置自体が周辺馬産の発展を阻害していたという矛盾も，上記のような牧野に対する農民と国との認識の違いを示す一端といえよう。

　　　天間川沿村の衰頽(ママ)の源因を探求すると，固より様々の事由も伏在しているだろうが，其の中の九十九％は軍馬補充部，県立種馬育成所，奥羽種馬牧場等の官立事業が原因をなして居ると言うとも過言ではあるまい。其の理由は何人にも自明の理である。第一地所を取上げた事，其取上げた割合に沿村の農民全部を収容し能はぬ事，労銀の余りに廉にして到底源の原野をして其草を厩肥として施肥する位，人造天然肥料を購求し能はぬ事。其から人情の常として有れば，有るに任せて冗費する事等の理由がある[38]。

以上のような限界をもった牧野政策は，馬匹改良政策とどのように関連していたのか。前掲表 2-10 でみた三本木産馬組合区内の各村について，1909 年の生産馬平均価格と軍馬購買頭数（括弧内）をあげると次のようになる。まず 1000 町歩以上の放牧地をもつ村は，三本木村 100 円（15 頭），四和村 69 円（19 頭），法奥沢村 66 円（17 頭），三沢村 138 円（13 頭）の 4 つであった。一方，1000 町歩未満の放牧地しかもたない村は，藤坂村 47 円（6 頭），六戸村 65 円（16 頭），下田村 42 円（4 頭），百石村 42 円（0 頭）であった[39]。前者のグループにおいて生産馬の平均価格が高く，また軍馬購買頭数が多かったことは明らかである。このことは，馬匹改良政策による保護・奨励の対象と

---

37) 「（植林，開墾の進展に加え，引用者注）又陸軍省ハ軍馬育成ノ為メ数千町歩ノ林野ヲ占有シタルニヨリ従来豊富ナリシ我地方ノ放牧地ハ年ヲ追フテ縮小セラレ」（岩舘精素，前掲書，p. 125）
38) 天間林村天間舘に在住した中野石蔵の日記，1913 年 9 月 13 日。『天間林村史』編纂委員会編『天間林村史』下巻，天間林村，1981 年，p. 848 より転載。
39) 岩舘精素，前掲書，p. 55，66。

**写真 2-6　軍馬補充部放牧地の風景**

三本木支部倉内出張所(青森県上北郡野辺地町)の様子とされる。同支部の育成馬は，毎年6月中旬から10月下旬までの約5ヶ月間，こうした広大な原野に放牧されていた。
出典：前掲，『写真集 明治大正昭和 十和田』, p. 29。

なった馬産経営が，地域という点でいえば牧野の豊富な地域に偏っていたことを示している。

## 小括

　以上，本章でみてきた馬政計画第一期の馬産地における馬匹改良政策の内容，およびそれと馬産経営階層の対応関係について整理すると，次のようになる。

　馬産地における馬匹改良政策は，次の2つが基軸とされていた。1つは，種牡馬制度の整備である。種牡馬検査法によって小型な民有種牡馬の供用を

禁止すると同時に，軍の改良方針に沿った大型な国有種牡馬を馬産農家に対して供給するようになったことを指す。もう1つは，セリ市場における種牡馬や軍馬の高額購買である。馬匹改良に適した種牡馬候補馬や常備軍の軍馬候補馬を一般馬よりも高く買い上げることによって，馬産農家がそうした改良馬を生産するように利益誘導したのであった。またこの2つは，いわばアメとムチの関係にあった。前者が生産手段（種牡馬）の選択に対する強制的性格をもっていたのに対し，後者にはそれを経済的側面からフォローする役割があったのである。特に軍馬購買が国有種牡馬産駒を中心に行なわれていたことは，そうした両者の連動性を強く示していよう。

ただし以上の馬匹改良政策には，馬匹改良に対する貢献の少ない零細馬産経営を切り捨てるといった側面も伴っていた。上記の2つを通じて，優等な繁殖牝馬をもつ経営，すなわち企業的経営（民間牧場）と農民的中規模経営はそれぞれ種牡馬生産，軍馬生産の担い手として位置づけられ，厚く保護・奨励されていた。一方，劣等な繁殖牝馬しかもたない農民的零細経営には，生産手段（種牡馬）を奪うという形によって馬産からの撤退が促されたのである。こうした生産者の選別が行なわれた背景には，馬匹改良の早期実現という積極的理由に加えて，牧野の制約という消極的理由も存在した。優良軍馬の生産には牧野が不可欠であったが，現実には元々牧野が不足していたのみならず，開墾・植林事業の進展がその不足を一層加速させていた。そうした状況下では，従来すべての馬産経営を馬匹改良の担い手として存続させることは不可能であり，階層的には短期的な馬匹改良に貢献出来る馬産経営のみを選抜せざるを得なかったのである。また地域的には牧野の豊富な地方に保護・奨励の対象が偏っていたと考えられる[40]。

本章でみたような東北地方の生産減少は，豊富な牧野をもつ北海道が馬産

---

40) 本来は経営階層の違いと牧野の広狭を組み合わせた分析を行なうべきであるが（牧野の多い/少ない地域における上層/下層の比較など），本書ではそれが出来なかった。今後の課題としたい。

地として急成長することによって相殺された（第1章第2節）。全国的に総馬数・生産頭数が維持されつつ馬匹改良が急速に進展した背景には，上記のような旧馬産地における生産構造の再編と，それに伴う生産減少を補填する新馬産地の台頭が存在したのである。

第 3 章

# 馬匹改良政策の綻び
―馬政計画第一期末の
　　秋田県における重種流行―

第3章　馬匹改良政策の綻び

　前章では，馬政計画第一期（1906-23年）の軍主導による馬匹改良政策が，先進馬産地の青森県上北郡において零細馬産経営の切り捨てを伴いつつも一通りの成果を収めたことを明らかにした。しかしそのことは，軍需に基づいた馬の生産規制が常に有効であったことを意味するわけではない。事例の数は少ないもの，規制の条件が崩れたことによって馬産農家が軍用に不向きな馬を生産するようになったケースも幾つか見出されるのである。本章ではそうした事例の1つとして，馬政計画第一期の末期に秋田県でみられた重種系馬の生産流行（以下，重種流行と表記）をとりあげる。重種とは，欧米において農耕馬・運搬馬として用いられた大型馬のことで，その代表的な品種としてペルシュロン種やブラバンソン種などがあげられる（序章第3節4））。現在の日本では，北海道のばんえい競馬においてその姿を見ることが出来る。秋田県の重種流行は，大正好況期（1916-20年，大正5-9）の都市部において運搬馬需要（写真3-1）が高まったことを背景としていた。重種系馬は軍用には過重であるとして陸軍より疎んぜられていた馬種であったが，この時期にはその牽引力の強さが運搬馬として高く評価され，高値で取り引きされるようになった。この市況を受け，秋田県の馬産農家は軍需に反する同種系馬を競って生産するようになったのである。

　この秋田県の重種流行を扱った先行研究として，次の2つがあげられる。

　まず重種流行という現象について初めて言及したのが，木村久男・斎藤英策の研究であった[1]。両氏は，国内農業に欧米型農馬（重種）は不要であるとした陸軍の見解を紹介しつつ，「この陸軍の農馬否定に対し，秋田県においては，重種のペルシュロン熱が高まり，軍馬資源の中間種に対する障害をなすものとしてしばしば警告が発せられ，軍事的要請と農民的要請の矛盾が端的に現われた」と述べている。しかしこの指摘の中では，欧米の農馬（重種）と国内の農馬（中間種）が混同されてしまっている。陸軍が否定したのは欧

---
1）　木村久男・斎藤英策「畜産業の形成」（農業発達史調査会編『日本農業発達史』第5巻，中央公論社，1955年，第6章）

米型農馬（重種）の必要性であったが，それと日本型農馬（小型の中間種）が同じものとして語られているのである。また同研究では，重種流行の実態について検討されていない。

　この点で，秋田県畜産組合の資料を用いて重種流行の実態を分析した藤本儀一の研究は注目される[2]。その結論は，大正好況期には重種系馬の価格が軽種系馬・中間種系馬のそれを上回っており，「当時何故本県産馬家が，重種優先をとつたのか，それは単なるブームにおどらされたのではなく，この数年間ははつきり重種が最も高価に取引きされたからであることが裏書きされる」というものであった。ただしそうした重種流行という現象が，軍需を主導とした近代産馬業史の中にどのように位置づけられるのかについては言及されていない。軍馬を主目的とした馬匹改良が強行される中で，それに反する現象が発生したのはなぜなのか，またそれは近代産馬業の中のいかなる局面として捉えられるのか，について考察されていないのである。

　以上2つの研究をふまえ，本章では秋田県における重種流行と，軍主導による馬匹改良政策との相互関係を明らかにすることを課題としたい。具体的には，第2章でみた種牡馬制度による生産手段の規制と，軍馬購買による利益誘導がなぜ機能しなかったのかについて考察する。その分析を通じて，軍需を基礎とした馬匹改良政策がどのような限界性や脆弱性をもっていたのかに迫りたい。

---

2）　藤本儀一「畜産」（秋田県『秋田県史』通史編第6巻，1965年，第6編「産業」第3章）

第 3 章　馬匹改良政策の綻び | 103

**写真 3-1　都市運搬馬**
貨物駅における運搬馬の様子。列車から降ろされた物資を駅周辺各地に運んだ。そうした短距離輸送を中心として，大正以降にトラックが普及した後にも全国で約 30 万頭の荷馬車が用いられていた。
出典：山田仁市編『馬利用の状況』帝国馬匹協会，1936 年（奈良県立図書情報館所蔵），p. 70。

## 第1節　重種流行の背景

### 1) 重種血統の導入

　まず重種流行より前に，秋田県ではどのような理由と方法で重種血統がもたらされたのかについて触れておきたい。秋田県における重種血統の導入は，1887年（明治20）に下総御料牧場産のペルシュロン種，第二サムクライド号が持ち込まれたことを嚆矢とする。以降も重種種牡馬の導入は続けられたが，その目的は重種原種のような重輓馬を生産することに置かれていなかった。

　このことは，1901年に県が定めた産馬方針の中に示されている。その方針とは輓馬生産を馬匹改良上の県是としたものであり，具体的には種牡馬を中間種のハクニー種とアングロノルマン種，重種のペルシュロン種の3種に限定し，「「ペルシュロン」種によりて基礎牝馬の造成に努め，此の間に於て「ハクニー」若くは「アングロノルマン」種を巧に配用し，独特なる実用強健の輓馬を生産せしむる」というものであった[3]。重種はあくまで馬匹改良の下地となる基礎牝馬を造るためのものであり，最終的な目標はハクニー種やアングロノルマン種などの中間種による軽輓馬生産に置かれていたのである。

　こうした方針が立てられた背景には，次のような秋田県の馬産事情があった。まず秋田県の在来馬には，降水量が多くて粘土質土壌に富む自然条件に生息してきた影響から，体型が乗馬生産よりも輓馬生産に適するという特性があった。しかしその在来馬の体格は青森県や岩手県などの優良馬産地のものと比べて劣位にあったため，輓馬生産の前段階として重厚な重種種牡馬を

---

3) 帝国競馬協会編『日本馬政史』第5巻 1928年，pp. 236-237。

交配し，体位を向上させることが図られたのである。この方針は，同じ輓馬生産地でも先進馬産地であった岩手県と対称的であった。優れた繁殖牝馬を多く有した岩手県では，明治期から中間種種牡馬による軽輓馬生産が行なわれ，後にその体型を整える目的で，重種とは正反対の性質をもつ軽種血統（乗用種）が導入されたのである[4]。

上記の中間種を主，重種を従とする秋田県の方針は，同県が海外より輸入した洋種種牡馬の血統に反映されている。秋田県では，県費によって1900-14年の15年間に45頭の種牡馬が輸入されていた[5]。その内訳をみると，中間種が36頭（ハクニー種19頭，アングロノルマン種14頭，トロッター種3頭）を占めたのに対して，重種は9頭（すべてペルシュロン種），割合で20％に過ぎなかったのである。

以上のように，秋田県における重種血統の導入は，同県が劣等馬産地であったがゆえ，繁殖牝馬の体位を向上させる目的で行なわれたものであった。それが大正好況期の都市運搬馬需要と結びついたことで，他県にはみられない重種流行という現象を生み出すこととなったのである。その様子を次項で確認する。

## 2）大正好況と重種流行

第一次世界大戦期には，馬価格が急激に上昇した（前掲，図1-1）。その主な要因は物価の高騰と軍馬需要の増加にあったが，都市部において運搬馬需

---

[4] 例えば馬政計画第一期における岩手県の馬産方針では，「主トシテ中間種々牡馬ヲ供用シ改良功程ヲ促進スル程度ニ於テ過大ニ失セサル軽種ヲ交ヘ用フ」（岩手・二戸・九戸・下閉伊・上閉伊郡），「舎飼ヲ主トスル地方ノ産馬ハ概シテ関節脆弱蹄質不良ナルヲ通有欠陥トナス須ク「アングロアラブ」系ヲ適度ニ混用シテ肢蹄ノ堅牢ヲ期スヘキナリ」（その他各郡）とされている（神翁顕彰会編『続日本馬政史』第1巻 1963年，p. 65）。

[5] 帝国競馬協会編，前掲書，p. 246。

要が急激に高まったことも少なからず影響していた。この時期には戦時好況の下で都市部の物資運搬量が激増し、それに目を付けた小運搬業者が簇出した[6]。そうした小運搬業者では運搬手段として荷馬車が用いられたため、運搬馬需要が大きく増加することとなったのである。

　この運搬馬需要の中で、重種系馬は1回の輸送で多くの荷物を運ぶことが出来るという理由から、特に人気が高かったとされる[7]。具体的に都市運搬馬としてどれだけの重種系馬が用いられていたのかは不明であるが、その人気の一端を示すものとして、1924年（大正13）に開かれた第2回東京府役馬共進会（写真3-2）の成績をあげておきたい。同共進会には、計144頭の運搬馬が出陳されていた。その内訳をみると、軽輓馬（中間種系）が僅か8頭だったのに対し、重輓馬（重種系）は136頭と圧倒的割合を占めていたのである[8]。共進会に出陳されない低級な運搬馬でも同様であったかは定かでないが、運搬馬として重種系馬が高く評価されていた様子をうかがい知ることが出来よう。

　こうした重種系馬の需要の高まりに対し、その供給量が限られていたことが、価格の上昇に拍車をかけた。当時、国内で重種系馬を生産していたのは、北海道と秋田県の2地域にほぼ限られていた。北海道では欧米と同様の大規模農業経営や開墾作業に適したため、秋田県では前述のように基礎牝馬を造成するために、それぞれ重種血統が導入されていた。しかし他の地方ではそうした理由が存在しなかったため、試験的な供用を除いて重種種牡馬が

---

6) 松田実『関東地方通運史』関東通運協会, 1964年, pp. 130-132。
7) 重種流行より前, 馬政局は東京市内の荷馬車営業者に対して試験的にペルシュロン雑種を貸し下げた。その成績は良好であったが, 業者自らが購入するとなると価格がネックとなって普及に至らなかったとされる（秋田県畜産組合編『秋田県畜産史』1936年, p. 166）。当該期には好況によって運送料金が2倍以上に高騰したため（松田実, 前掲書, p. 131), 荷馬車営業者の資金が潤沢となって重種系馬を購入出来るようになったのである。
8) 「東京府役馬共進会の状況」『秋田の畜産』第29号, 1925年1月, pp. 11-12

第 3 章　馬匹改良政策の綻び　107

**写真 3-2　第 2 回東京府役馬共進会の受賞馬**
1924 年 11 月 30 日～12 月 5 日，於目黒幅重兵第一聯隊馬場。写真は重輓馬の部で 1 等（賞金 80 円）となった第二村雲号，ペルシュロン雑種，騙 9 歳。手綱をとる人との大きさの違いに注目。
出典：『馬之友』第 9 巻第 1 号，1925 年 1 月，口絵。

ほとんど用いられていなかったのである。

　以上の事情から，大正好況期の秋田県2歳駒セリ市場では重種系馬の買い付けが殺到し[9]，その価格は県是とされた中間種系馬を上回って高騰した。またそうした市況を受けて，県下の馬産農家は競って重種系馬（特にペルシュロン種系）を生産するようになり，基礎牝馬の造成に限定されていた重種種牡馬の供用範囲が一気に拡大することとなった。さらに重種系馬をセリ市場に出したいがため，既に重種血統をもつ繁殖牝馬に対しても同系種牡馬の交配が繰り返され，重種原種に近い重大馬が登場するまでに至った。

　上記のように重種系馬の生産が「圧倒的盛況」[10]となった様子を，統計資料を用いて以下に確認する。第一に，秋田県2歳駒市場における種別取引頭数と平均価格について（表3-1）。資料の都合上，1916年（大正5）以前の様子は不明であるが，少なくとも1917年の平均価格では，重種系73.6円と中間種系69.9円の間に大きな差はみられない。また取引頭数に占める重種系の割合（c/(a＋b＋c)）は25.8％に過ぎず，概ね前掲の県是にそくした状態にあったといえる。重種系優位の傾向が顕著となったのは，翌1918年のことであった。この年，馬価格が全体的に高騰した中で，重種系の伸びは特に目覚ましく，その平均価格163.5円と中間種系137.2円との価格比（②／①）が1.19倍にまで拡大したのである。この価格高騰を受けて，翌年以降には重種系の取引頭数が急増していった。1921年には中間種系の3392頭を上回る3659頭に達し，それ以降も過半を占める状態が続いている。ただし重種系の価格と取引頭数が優位であった期間は短く，1923年には早くも中間種系との価格比が1.02に縮小し，1930年には取引頭数も再び中間種系を下回ることとなった。

---

9)　ただし，都市運搬業者が直接買付を行なったわけではない。県下のセリ市場で馬商に購買された2歳馬は，一旦県内各地の育成地や山形県・新潟県などの使役地で育成・利用された後，再び馬商を経由して都市運搬業者に売却された。
10)　秋田県畜産組合，前掲書，p. 159。

表 3-1　種別取引頭数・平均価格（秋田県 2 歳駒市場）

| 年次 | 軽種系 | | 中間種系 | | 重種系 | | c/(a+b+c) | ②/① |
|---|---|---|---|---|---|---|---|---|
| | a) 取引頭数 | 平均価格 | b) 取引頭数 | ①平均価格 | c) 取引頭数 | ②平均価格 | | |
| 1917 年 | 566 | 71.1 | 5,040 | 69.9 | 1,947 | 73.6 | 25.8% | 1.05 |
| 1918 年 | 402 | 138.6 | 4,303 | 137.2 | 2,006 | 163.5 | 29.9% | 1.19 |
| 1919 年 | 275 | 228.4 | 4,165 | 222.9 | 2,295 | 252.2 | 34.1% | 1.13 |
| 1920 年 | 265 | 210.4 | 3,508 | 210.4 | 2,828 | 233.8 | 42.8% | 1.11 |
| 1921 年 | 228 | 176.5 | 3,392 | 183.4 | 3,659 | 197.2 | 50.3% | 1.08 |
| 1922 年 | 174 | 186.9 | 2,400 | 199.5 | 3,915 | 213.5 | 60.3% | 1.07 |
| 1923 年 | 166 | 150.7 | 2,098 | 168.2 | 4,030 | 171.6 | 64.0% | 1.02 |
| 1924 年 | *80* | *164.5* | *1,038* | *155.9* | *3,555* | *176.2* | *76.1%* | *1.13* |
| 1925 年 | *54* | *158.2* | *853* | *178.6* | *2,957* | *181.5* | *76.5%* | *1.02* |
| 1926 年 | *42* | *160.1* | *763* | *172.6* | *3,390* | *172.9* | *80.8%* | *1.00* |
| 1927 年 | 99 | 151.5 | 1,864 | 155.5 | 3,889 | 148.8 | 66.5% | 0.96 |
| 1928 年 | 135 | 140.3 | 2,129 | 136.2 | 3,102 | 128.2 | 57.8% | 0.94 |
| 1929 年 | 110 | 131.2 | 2,554 | 113.5 | 2,939 | 105.8 | 52.5% | 0.93 |
| 1930 年 | 147 | 96.3 | 2,830 | 86.6 | 2,357 | 82.0 | 44.2% | 0.95 |

注：単位は頭（取引頭数）及び円（平均価格）。斜字体の 1924-26 年は組合有・県有種牡馬産駒のみ，このため重種の割合が高くなっている。1927-30 年は血統不明のものを除く。
出典：『秋田県畜産組合事業報告書』各年より作成。

　以上のように重種系の価格が高騰した結果，1920 年と 22 年には秋田県の平均馬価格が青森県のそれを上回るという注目すべき現象もみられた（図 3-1）。僅か 2 年といえども，後進馬産地であった秋田県が，国内で第一の先進馬産地であった青森県を凌駕するに至ったのである。このことは，重種流行の影響がいかに大きかったのかを物語っていよう。

　第二に，上記の市況に影響を受けた秋田県の種別種牡馬頭数とその平均種付頭数について（表 3-2）。ただしこの表は，秋田県畜産組合（写真 3-3）が所有した種牡馬，及び同組合が秋田県から貸与を受けて管理した県有種牡馬のみのもので，国有種牡馬と個人有種牡馬，及び県種畜場に繋養された県有種牡馬（写真 3-4）を含んでいない。重種系種牡馬の種付頭数が増加する傾向は，既に 1916-18 年（大正 5-7）の段階でも確認される[11]。しかしそれが急激に加

---

11) 当該期以前にも，県是で定められた馬種 3 種のうち，ハクニー種とアングロノルマン種は成績が振るわず，ペルシュロン種は比較的良好であったとされており（伊藤小一

**図 3-1 秋田県・青森県の 2 歳駒セリ市場平均価格**

出典:『秋田県畜産組合事業報告書』各年,青森県産馬組合連合会『青森県産馬要覧』1927 年,pp. 22-23 より作成。

**表 3-2 種別種牡馬頭数・種付頭数(組合有・管理種牡馬のみ)**

| 年次 | 軽種系・中間種系 | | | 重種系 | | | 重種系の割合 | |
|---|---|---|---|---|---|---|---|---|
| | 種牡馬頭数 | 種付頭数 | 1頭平均種付頭数 | 種牡馬頭数 | 種付頭数 | 1頭平均種付頭数 | 種牡馬頭数 | 種付頭数 |
| 1916 年 | 157 | 6,572 | 42 | 33 | 1,482 | 45 | 17.4% | 18.4% |
| 1917 年 | 130 | 5,695 | 44 | 52 | 3,050 | 59 | 28.6% | 34.9% |
| 1918 年 | 114 | 4,726 | 41 | 62 | 3,839 | 62 | 35.2% | 44.8% |
| 1919 年 | 90 | 3,218 | 36 | 80 | 5,978 | 75 | 47.1% | 65.0% |
| 1920 年 | 78 | 3,157 | 40 | 104 | 5,910 | 57 | 57.1% | 65.2% |
| 1921 年 | 42 | 1,828 | 44 | 133 | 6,810 | 51 | 76.0% | 78.8% |
| 1922 年 | 51 | 1,912 | 37 | 128 | 7,033 | 55 | 71.5% | 78.6% |
| 1923 年 | 40 | 1,494 | 37 | 133 | 6,700 | 50 | 76.9% | 81.8% |
| 1924 年 | 30 | 1,114 | 37 | 130 | 6,649 | 51 | 81.3% | 85.6% |
| 1925 年 | 32 | 1,362 | 43 | 131 | 6,524 | 50 | 80.4% | 82.7% |
| 1926 年 | 41 | 1,722 | 42 | 120 | 5,605 | 47 | 74.5% | 76.5% |
| 1927 年 | 48 | 2,186 | 46 | 105 | 4,911 | 47 | 68.6% | 69.2% |
| 1928 年 | 65 | 2,766 | 43 | 89 | 4,101 | 46 | 57.8% | 59.7% |
| 1929 年 | 74 | 3,143 | 42 | 73 | 3,277 | 45 | 49.7% | 51.0% |
| 1930 年 | 79 | 3,422 | 43 | 55 | 2,367 | 43 | 41.0% | 40.9% |

出典:表 3-1 に同じ。

速したのは,1919 年のことであった。1918 年に重種系馬の価格が高騰した影響から,この年には重種系の種付頭数が 2000 頭以上も増加し,一気に軽

郎「秋田県産馬方針回顧録」『馬の世界』第 18 巻第 6 号,1938 年 6 月,p. 85),その影響と考えられる。

**写真 3-3 秋田県畜産組合**

秋田南秋田郡寺内町（現秋田市）八橋。東北地方では唯一，県単位の畜産組合であった。その背景には，同県の民間馬産業者が自主性に乏しかったことがある。廃藩置県後，東北地方の畜産事業は各県で管理されることとなった。これに対し，青森県では官の干渉を嫌った民間馬産業者が反対運動を行なったため，1884 年（明治17）に畜産に関する業務は産馬維持共会（後の産馬組合）へと委譲されている。一方，秋田県では同年に県が畜産業務の委譲を民間に打診したものの，民間側は県による管理延長を望んだため，その委譲は 1888 年まで引き延ばされている（帝国競馬協会編『日本馬政史』第 5 巻，1928 年，pp. 103-104, 246-247）。こうして県からの独立が遅れた影響から，秋田県では県単位での組合設置となり，また後の時期まで県の畜産行政との結びつきが強く残ることとなった。

出典：秋田県畜産組合編『秋田県畜産史』1936 年（秋田県立図書館所蔵），口絵。

**写真 3-4　秋田県の県有種牡馬**
1920-23 年頃の秋田県種畜場で繋養されていた県有種牡馬。体型から重種系が中心であったとみられ，畜産組合のみならず県も国（軍）の意向に反して重種系種牡馬を増加させていた様子がうかがえる。
出典：秋田県畜産試験場編『七十年のあゆみ』秋田県畜産試験場，1989 年（秋田県立図書館所蔵），口絵。

種系・中間種系の計を上回ったのである。また同年における重種系種牡馬の1頭平均種付頭数75頭は，軽種系・中間種系種牡馬36頭の2倍に達した。こうした盛況を受け，翌1919年からは重種系種牡馬が重点的に補充されていき，1920年には種牡馬全体の過半を，1924年には81.3％までを重種系が占めるに至っている。

　こうした重種系種牡馬の増加を象徴する出来事として，1919年と20年に秋田県畜産組合が米国からペルシュロン種種牡馬21頭を輸入したことがあげられる[12]。それまでの秋田県における海外種牡馬の輸入は，県あるいは県の助成を受けた畜産組合によって行なわれていた。重種流行が畜産組合の収入源であるセリ市場手数料を増加させたことで，畜産組合は県是の枠組みを超えた種牡馬を独自に輸入出来るようになったのである。

---

12) これらの種牡馬と同時に，組合員の委託によってペルシュロン種の繁殖牝馬14頭も輸入された。

## 第 2 節　馬政局と畜産組合の反応

### 1）馬政局の反応

　前節でみたような重種流行に対して，当時の馬政主管であった陸軍省馬政局，及び生産当事者であった馬産農家はどのような反応を示したのか。1918年（大正 7）9 月 22 日に開かれた秋田県畜産組合の第 2 回畜産協議会では，重種流行が議題にとり上げられた。これに合わせて秋田県を来訪した馬政局長官の浅川敏靖は，県内馬産地を視察した後，同会で講演を行なっている。また同会での議論をもとに作成された新しい改良方針が，後に秋田県より公表された。これらの内容をもとに，上記の点を検討したい。

　まず馬政局の重種流行に対する反応について[13]。講演の冒頭で浅川は，「国の固有馬を成るべく短年月の間に且つなるべく広く各役種に亘り軍役に堪へ得る程度に改良する」という馬匹改良本来の目的（軍馬）を確認している。その上で重種流行については，「一時の商況に附和して産馬の方針を変更する如きは余程考慮を要する」と批判した。ただし浅川は，重種血統のすべてを否定したわけではない。ペルシュロン種を始めとする重種には在来種にない鞍曳力があるため，「一回二回の雑種[14]を造りて農工運搬用として国有の日本馬に一層の鞍曳力を贈与することは至極結構なこと」と歓迎すらしている。しかしそれ以上に重種血量が増えつつある現状に対しては，「唯々際限なく原種の血液を継続して原種に近き馬匹を生産せんとするは或は他日の悔を貽すものではあるまいか」と警告したのである。その理由は，次の 2 つにあった。

　1 つは，運搬馬や農耕馬といった民需の視点からである。それは以下の引

---

13) 以下，注記のない本項の引用部分は，秋田県畜産組合，前掲書，pp. 160-174。
14) 1 回雑種とは洋種血量 50％，2 回雑種は同 75％である雑種のこと（序章注 39 を参照）。

用文のように，当時の道路事情では運搬馬として重種原種のような大型馬を広く用いることが困難であり，また欧米と比べて経営規模が小さい日本の農業事情では農耕馬としても過大である，というものであった。これらの点から，民需の実態に見合った馬種として中間種を奨励したのである。

> 我国今日の道路，農工業の現況に徴すればペルシユロン原種の如き重大馬は到底利用することは出来ない，運送馬とてもよし，相当の貨物ありとするも，此馬を使用するに道路橋梁や車輛からして改正せねばならぬ……今日国内全般を通観して之を論すれは余りに馬を重体にするは却て農家の不便とする処でありませう……我国の小農家の如き専業的重大馬を不利とする国柄にありてはペルシユロンならずとも或いは堅実強健の中間種の方が多数の農家に対して却て便益ではあるまいか。

もう1つは，軍需の視点からである。浅川は以下のように，戦場が広域化した第一次世界大戦以降には，重砲兵（重輓馬）に対しても野砲兵（軽輓馬）と同等の速力が要求されるようになったことを紹介している。こうした大戦後の変化をふまえ，いくら牽引力に優れていても速力に乏しい重種原種のような馬は今後の軍馬として価値がないとし，重種による改良は速力を損なわない範囲に留めるべきだと主張したのである。

> 今日の重砲兵なるものは欧州戦争の実験に見れば野砲兵同様の活動をすることになり今後の重砲兵は今日の要塞兵同様のものとなるであらうと云ふことであります，さうすると重砲兵輓馬は純ペルシユロン又は之に近き体格の偉大なる力の強きものを要し，その上に野砲兵に近い速力を必要とすることになるのであらう

また重種原種には，秋田県在来馬と同じく関節が弱いという欠点があり，両者の交配には代を重ねるに連れてその欠点が強化される恐れがあった。この点からも「速力を要する軍馬としては関節が強固でなければよしや力が強

くとも何等の価値が無い」として，重種の交配を繰り返さないように勧告したのであった。

以上のように馬政局（陸軍）の見解は，軍需はもちろん民需の点においても重種系馬は過大であり，どちらに関しても中間種系馬を主体とすべきである，というものであった。それゆえ一時的な運搬馬特需に流されて，重種系馬の生産が無制限に拡大することを強く批判したのである。

こうした陸軍の見解は，1916年（大正5）の国有種牡馬供用方針の中にも示されている。秋田県に関しては，次のように中間種を主体とすること，及び重種の供用には注意を要すること，が明記されているのである。

> 中間種ヲ主用ノ種馬トナシ，体形ヲ顧慮シテ軽キハ山地ニ，重キハ平地ニ之ヲ適用ス，重種ハ主ニ低地方ニ用ヒテ在来種ノ体格ヲ増大シ，更ニ中間種ヲ配シ其ノ体格ヲ調節スベシ。重種ノ交叉其ノ度ヲ重ネタル結果，外観粗野トナリ或ハ悍威欠乏シ関節弛緩スル等ノ欠点ヲ増加スル虞アルトキハ，骨太ク幅豊ナル「サラブレット」系軽種ヲ少数ニ供用シテ資質ノ向上ヲ補フベシ[15]

また上記の方針を受け，秋田種馬所（写真3-5）による県内馬産農家に対する国有種牡馬の供給は，重種流行の最中にあっても一貫して中間種が主体とされていた（表3-3）。重種流行を境として急激に重種の割合が増加した民有種牡馬（前掲，表3-2）との違いが明瞭に表わされていよう。

## 2）畜産組合の反応

前述の畜産協議会では議論の末，県内種牡馬の6割を重種系とする方針が決議されたとされる。陸軍の意向とは反対に，重種を中心とする方針が打ち出されたのである。その議論の過程では，長期的な視点から重種の濫用を阻

---

15）帝国競馬協会編『日本馬政史』第4巻，1928年，p. 314。

**写真 3-5　秋田種馬所**
1897年（明治30）7月，秋田県仙北郡神宮寺村字高野に用地面積約226町歩をもって開設された。本所及び県内28ヶ所の種付所において民間牝馬に対する国有種牡馬の種付を行なった。
出典：秋田県写真交換会『秋田県写真録』1917年（秋田県立図書館所蔵）。

**表 3-3　秋田種馬所の国有種牡馬頭数**

| 年　次 | 軽　種 | 中間種 | 洋　種 重　種 | 他洋種 | 計 | 雑　種 | 合　計 |
|---|---|---|---|---|---|---|---|
| 1914年 | 2 | 28 | 6 | 5 | 41 | 12 | 53 |
| 1921年 | 1 | 32 | 8 | 10 | 51 | 21 | 72 |

出典：1914年は『馬政統計』第4次，1921年は『日本馬政史』第4巻，p. 241。

止すべきとする「正調論」と，農家の収入を優先して重種の拡大を認めるべきとする「実利論」が激しく衝突したとされるが[16]，詳細は明らかでない。ただしその議論をもとに作成された秋田県の新しい改良方針をみることが出来るので，この方針の中から重種流行に対する秋田県畜産組合の見解と，そ

---

16）伊藤小一郎，前掲論文，p. 86。

の背後にあった馬産農家の思惑を以下に探っていきたい。

「産馬資質の改善」と題された新しい県の改良方針は，改良繁殖の目標を次の3つに大別するというものであった[17]。

①「軽輓馬の繁殖並に其固定」

仙北郡・由利郡・北秋田郡内の優良馬産地では，中間種であるアングロノルマン種やハクニー種の2-3回雑種が既に登場しつつあった。そうした牝馬に対しては，重種血統を入れずに中間種系の種牡馬のみによる「純良な軽輓馬の造成」が目標とされた。

②「重輓馬の造成」

重種の代重ねが進んで原種に近い体型となった馬のうち，「重種配合上嫌忌すべき失格の遺伝なく尚繁殖地の状況にして重種の繁殖育成に適当なるもの」に関しては，そのまま重種系種牡馬の交配を続けて「純良なる重輓馬其者を造成する」ことが目指された。

③「ポスチェーの繁殖及び固定」

一方，同じ重種系雑種の中でも「既に重種の最大失格若くは欠点を著しく発現するもの」に関しては，「直に中間種の配合に依り之が挽回に尽す」こととされた。ポスチェーとは，ペルシュロン種とハクニー種を交配して造られたフランスのポスチェーブルトン種のことを指す。それと同様の交配方法であったことから，上記の名称が用いられた。

この改良方針に関して注目されるのは，次の2点である。1つは，②において原種に近い重種系馬の生産が認められたことである。このことは，1901

---

17) 以下，秋田県畜産組合，前掲書，pp. 174-181。なお原典は「秋田県産業調査書参考書」とされる。

年の県是において基礎牝馬の造成に限定されていた重種の供用範囲が，条件つきとはいえ撤廃されたことを意味している。

　もう1つは，③に付された「地方牝馬の資質は依然として老齢劣悪なるもの多く前途尚其改善を要するもの甚だ多きに従ひ重種種牡馬供用の範囲従て広きを見るべし」という説明である。この理由から，当該期に改めて重種種牡馬の必要性を強調する意義があったとは考えにくい。重種流行以前の重種種牡馬の割合は2割程度に過ぎなかったが（前掲，表3-2），それでも1917年における県内馬の洋雑種化率は64.9％に達していた。したがってこの時期には，上記の理由で必要とされた重種種牡馬は減少していたはずである。それにも関わらず必要性が強調されたのは，重種系馬の価格高騰を目の当たりにした組合員（馬産農家）が重種種牡馬の増加を強く望むようになり，組合はそれを容認せざるを得なくなったものと考えられる[18]。

　以上のように，新しい県の改良方針は，従来の軽輓馬生産を主とした方針を継承したものというよりも，重種流行という現状を後追い的に容認するものであったと捉えられる。また実際の重種種牡馬の割合は，畜産協議会で定められた6割という基準を上回って増加していった（前掲，表3-1）。このことは，上記の理由がいかに建前上のものであったのかを物語っていよう。

## 第3節　重種流行の位置づけ

### 1）馬匹改良政策の破綻条件

　前節でみたように，馬政局（陸軍）が重種系馬の生産を抑制する方針を示

---

18）畜産組合による米国ペルシュロン種の輸入計画が浮上した際，馬政局がその真偽について組合に照会したところ，「組合員の組合なれば幹部に之を抑圧すべき威力権能なし」という回答があったとされる（伊藤小一郎，前掲論文，p. 88）。

したのに対し、畜産組合（馬産農家）は逆にそれを拡大する方針を打ち出した。馬政当局は、馬産農家が生産する馬の種類を制御出来なくなったのである。その要因には、重種系馬の価格が上昇したことだけでなく、同時期に軍馬購買力が低下して、陸軍がセリ市場における「最大の得意先」[19]の座から転落したこともあった。本節では、後者の点について詳しく検討したい。

大正好況期における馬価格の上昇は、一般物価（米価）の上昇を大きく上回っていた（前掲、図1-1）。これに対し、予算に制約された陸軍の軍馬購買事業はそれに応じて購買価格を引き上げることが出来なかった。その結果、軍馬購買がセリ市場において民間に「糶負」けるという現象が、秋田県のみならず全国各地で頻発したのである（表3-4）。

こうした「糶負」の発生は、軍馬購買事業がもつ馬匹改良への利益誘導効果が大きく低下したことを意味する。実際にこの時期には、秋田県の重種流行だけでなく、競馬法施行（1923年、大正12）以降のサラブレッド生産[20]などの様に軍用に不向きな馬の生産が拡大している。その内実を、重種流行にそくして以下に考察したい。

秋田県2歳駒セリ市場における軍馬購買頭数とその平均価格の推移を表3-5にあげた。前述の理由から、秋田県においても軍馬購買と市場全体との価格比（d/b）は、1915年の2.9倍から1918年1.3倍、1919年には1.2倍まで縮小している。特に重種系馬の場合には平均価格が市場全体よりも1割程度高かったため（前掲、表3-1）、その比が一層小さかったと思われる。それにも関わらず、市場全体に占める軍馬購買の割合（c/a）は2％程度に過ぎなかったため、軍馬購買を目標として中間種系馬を生産しても、軍馬購買を受けられずに一般使役馬（主に農耕馬）として安値で売却せざるを得なくなるリスク

---

19) 秋田県畜産組合、前掲書、p. 154。
20) 軍用乗馬には四肢が丈夫であることが求められ、この点で競走馬種であるサラブレッドは軍用に不向きとされた。ただし競走馬産業には、その収益金が軍縮による馬政予算の減少を埋め合わせたという側面もあったため、必ずしも陸軍による批判の対象とならなかった。

表 3-4　セリ市場における陸軍の「羈負」件数（全国，幼駒購買のみ）

| 年　次 | 1916 年 | 1917 年 | 1918 年 | 1919 年 |
|---|---|---|---|---|
| 購買予定数 | 2,858 | 2,969 | 2,980 | 3,314 |
| 出場総数 | 26,260 | 22,670 | 22,454 | 21,580 |
| 合格頭数 | 3,127 | 3,895 | 5,404 | 5,394 |
| 羈負数 | 270 | 896 | 2,426 | 2,210 |
| 購買数 | 2,851 | 2,963 | 2,968 | 3,184 |
| 1 頭平均価格 | 132 | 141 | 220 | 317 |
| 羈負 1 頭平均価格 | 146 | 147 | 259 | 356 |

注：「羈負数ハ即チ高価ナリシ為購買不能ニ終リシ馬ナリ」．
出典：河辺立夫（陸軍技師）「近年ニ於ケル軍馬補充状況ニ就キ私見」『偕行社記事』第 552 号，1920 年 8 月，p. 35．

表 3-5　秋田県 2 歳駒セリ市場における軍馬購買頭数・平均価格

| 年　次 | 市場全体 | | うち軍馬購買 | | c/a | d/b | 1915 年 = 100 とする指標 | | |
|---|---|---|---|---|---|---|---|---|---|
| | a) 頭数 | b) 平均価格 | c) 頭数 | d) 平均価格 | | | 全体 | 軍馬 | 米価 |
| 1915 年 | 9,136 | 38.2 | 200 | 112.3 | 2.2% | 2.9 | 100 | 100 | 100 |
| 1916 年 | 8,850 | 48.8 | 203 | 119.6 | 2.3% | 2.5 | 128 | 107 | 105 |
| 1917 年 | 7,553 | 70.9 | 192 | 126.9 | 2.5% | 1.8 | 186 | 113 | 156 |
| 1918 年 | 6,711 | 145.2 | 161 | 190.8 | 2.4% | 1.3 | 380 | 170 | 250 |
| 1919 年 | 6,732 | 234.0 | 68 | 279.7 | 1.0% | 1.2 | 613 | 249 | 352 |
| 1920 年 | 6,601 | 220.8 | 133 | 327.2 | 2.0% | 1.5 | 578 | 291 | 341 |
| 1921 年 | 7,279 | 190.1 | 130 | 304.0 | 1.8% | 1.6 | 498 | 271 | 235 |
| 1922 年 | 7,077 | 202.8 | 46 | 310.0 | 0.6% | 1.5 | 531 | 276 | 269 |
| 1923 年 | 6,631 | 167.7 | 67 | 299.2 | 1.0% | 1.8 | 439 | 266 | 250 |
| 1924 年 | 6,100 | 174.5 | 93 | 303.8 | 1.5% | 1.7 | 457 | 271 | 295 |
| 1925 年 | 5,755 | 180.7 | 56 | 311.0 | 1.0% | 1.7 | 473 | 277 | 318 |
| 1926 年 | 5,889 | 173.2 | 64 | 301.6 | 1.1% | 1.7 | 453 | 269 | 289 |
| 1927 年 | 6,087 | 149.8 | 46 | 296.0 | 0.8% | 2.0 | 392 | 264 | 270 |
| 1928 年 | 5,565 | 130.6 | 39 | 293.1 | 0.7% | 2.2 | 342 | 261 | 237 |
| 1929 年 | 5,760 | 109.0 | 44 | 291.7 | 0.8% | 2.7 | 285 | 260 | 222 |

注：単位は頭数（頭），平均価格（円）．
出典：前掲，『秋田県畜産史』pp. 148-149，356-361，及び農政調査委員会編『日本農業基礎統計』改訂版，農林統計協会，1977 年，pp. 30-31 より作成．

が非常に高かった。こうした状況下では，陸軍がいくら「余り多くペルシュロン系馬を採らない」[21]という購買方針を打ち出しても，馬産農家を中間種

---

21) 先述した淺川講演の一節（秋田県畜産組合，前掲書，p. 171）。同時に淺川は，重砲兵馬（重輓馬）の多くが壮馬購買（4，5 歳）であることにも言及している。このことには，「重種を生産する馬産農家が 2 歳で売却しても軍馬購買の対象にはならない。軍

系馬の生産に引き止めることは到底不可能であった。その代わりに買い付けが殺到し、かつ売却価格も高かった重種系馬の生産に馬産農家が偏重していったのは、当然の帰結といえよう。

また重種流行を通じて、生産規制のもう1つの柱であった種牡馬制度の脆弱性も露呈することとなった。第2章でみたように、種牡馬体格の下限を定めた種牡馬検査法（1897年）は、在来種の小型種牡馬から洋・雑種の大型種牡馬への転換を強要するという点で大きな効力を発揮した。しかし同法では馬種の選択について制限されていなかったため、体格制限さえクリアしていれば、重種種牡馬のように国（陸軍）の意向に反する馬種であっても、その増加を抑えることが出来なかったのである。

もっとも種牡馬の購入と管理には多くの費用を要したため、同法が施行された直後には民有種牡馬頭数が減少しただけに留まり、そうした問題は発生しなかった。この時期には馬価格の高騰によって民間に種牡馬の購入資金がもたらされたことで、上記の欠点が露呈されたのである。

## 2）重種流行の衰退

ただし、上記のような馬匹改良政策の破綻状態は長く続かなかった。大正末期には戦後の反動恐慌によって通運量が減少したため、都市運搬馬の需要が急速に減退した。またトラックが普及した影響から、それと競合関係にあった都市運搬馬にも軍馬と同様に速力が要求されるようになった。さらに生産面においては、前述した重種の代重ねによる弊害が次々と表面化するに至った。以上の理由から、秋田県の重種流行は僅か数年間で早くも収束することとなったのである。このため秋田県畜産組合は重種重視の方針を見直す必要に迫られ、1929年（昭和4）8月に開かれた第5回畜産協議会では、3年後に

---

馬購買を受けたければ中間種を生産せよ」という意味が込められていたと考えられる。

到達すべき種牡馬の割合として，重種系 28％，中間種系 70％，貴種（軽種）系 2％という目標が掲げられている[22]。秋田県の馬産は，再び中間種による軽輓馬生産が主体とされるようになったのである。

また上記のように運搬馬需要が減退した結果，軍馬購買はセリ市場において再び価格優位性をもつこととなった。前掲の表 3-5 において，1923 年以降には購買頭数こそ少ないものの[23]，軍馬購買と市場全体との価格比が重種流行直前の 1917 年の水準にほぼ戻っていることが確認される。この相対的な価格変化によって，軍馬購買による馬産農家への利益誘導効果が復活した。畜産組合（馬産農家）が「貴部（軍馬補充部，引用者注）の購買如何が直ちに我県の方針となる」[24]という姿勢を示すようになり，それに対して陸軍は「重大なるものは馬格の優秀なるに関らす一顧をも与へさる」[25]という購買方針を強調することによって，再び馬産農家を軍用に適した中間種系馬の生産に従事させることが可能となったのである。

## 小括

以上，本章では大正好況期の秋田県でみられた重種流行の分析を通じて，次のような馬匹改良政策の脆弱性・限界性を明らかにしてきた。

第一に，軍馬購買による馬匹改良への利益誘導には，重種流行のようにそれと比肩する購買力をもつ民需が台頭した場合，容易に効果が失われてしまうという脆弱性があった。もともと軍馬購買が市場全体に占める割合は僅か数％に過ぎなかったが，それを補って馬産農家を軍用向けの馬匹改良に向か

---

22) 秋田県畜産組合，前掲書，p. 183。
23) 軍馬購買頭数が回復しなかったのは，1922-25 年に行なわれた軍縮の影響であった。この点については第 5 章で詳述する。
24) 麓蛙生「此秋の軍馬購買を見て」『秋田県農会報』第 200 号，1929 年 1 月，p. 57。
25)「畜産技術員会議に於ける諮問答申」『秋田の畜産』第 19 号，1924 年 3 月，p. 12。

わせていたのは，購買価格の高さであった。しかしそうした質（購買価格）のみに依拠して量（購買頭数）を伴わない利益誘導は，絶えず民需に対して突出した価格優位性を保たなければ，効果を発揮し続けることが出来なかったのである。

　第二に，種牡馬制度による生産規制には，一定の体格制限さえクリアすれば，軍用に不向きな種類の種牡馬であっても増加を防ぐことが出来ないという限界性があった。1897年に制定された種牡馬検査法では，当時の国内種牡馬の大部分を占めていた民間の小型種牡馬を淘汰することに主眼が置かれていた。軍所要の軍馬資源を確保するためには，馬種を問わずに国内馬全体を大型化することが最優先されていたからである。同法の制定から約20年が経過して馬需要のあり方に変化が生じたことで，制定時に想定されていなかった馬種をめぐる軍需と民需の相違が問題となったのであった。また馬価格の高騰により民有種牡馬の購入と維持が容易となったことも，上記の問題が表面化した1つの要因であった。

　ただし上記のような馬匹改良政策の破綻現象は，例外的かつ一時的であったことも強調しておきたい。秋田県における重種流行は，①同県が東北地方の中でも後進馬産地であったゆえに重種血統が導入され，②それが大正好況下の都市運搬馬需要という一時的な需要と結びつく，という極めて特殊な状況下で発生したものであった。そうした条件が揃わなかった他の馬産地では，多少の揺らぎこそみられたものの，種牡馬制度による生産規制と軍馬購買による利益誘導が効力を発揮し続け，軍用に不向きな馬の生産が抑えられていたのである。

　しかし1920年代後半の東北馬産地では，重種流行とは全く異なる形によって軍馬資源確保が脅かされるようになった。同時期には軍縮によって軍馬購買事業が縮小される一方，慢性的な不況が続く中では，重種流行を生み出した都市運搬馬需要のように軍馬購買を上回るような民需も生まれなかった。こうしたことから，馬産農家は「馬産は破産」と認識し，生産そのものを行

なわなくなったのである。この点については，第5章で詳しく検討したい。

第 4 章

# 軍馬資源確保と
# 農民的馬飼養の矛盾

―馬政計画第二期（1924-35年）の
　　　使役農家経営―

# 第4章 軍馬資源確保と農民的馬飼養の矛盾

## はじめに

### 1) 馬政計画第二期の産馬業

　第2, 3章では，馬政計画第一期において軍需を主導とした馬匹改良が，部分的には破綻局面もみられたものの，全体として急速に進展したことを示した。本章と次章では，そのように軍馬資源として造成された改良馬が，同計画第二期（1924-35年，大正13-昭和10）においてどのように維持・再生産されていったのかを論じる。第1章でも触れたように，同計画第二期には以下の2点から軍馬資源の確保が困難になったと考えられ，また従来の研究史でもそうした側面が強調されてきた。まずこの点を改めて確認しておきたい。

　1つは軍縮の影響である。第一次世界大戦後の陸軍軍縮によって，馬政計画第一期の馬政主管であった陸軍省馬政局は1923年に解体され，その業務は新設の農商務省畜産局に移された（1925年より農林省畜産局[1]）。また軍事費が削減されたことで，従来セリ市場の「最大需用者」であった軍馬購買事業もその規模が縮小された（後述）。これらの結果，民間産馬業に対する陸軍の政治的・経済的影響力が大きく低下し，陸軍のみでは軍馬資源を確保することが困難となったのである。

　もう1つは，馬飼養農家における経営合理化の影響である。商品経済の浸透に伴い，1920年代には農家経営の合理化が盛んに取り沙汰されるようになった。その中では従来慣習的に行なわれてきた農馬部門[2]経営についても

---

1) 以下，馬政計画第二期を通じた馬政主管を指す場合には，一括して農林省畜産局と表記する。
2) 本論では，農家経営の内外（自給/現金）を問わない農馬に関する支出（馬購入費，飼料，管理労力など）と収入（馬の使役，厩肥，駒販売など）を総称して，以下「農馬部門」と表記する。

再検討され，馬の使役や厩肥生産といった自給部門を現金換算した上で収支の改善が図られている。そうした馬飼養農家は「御国の為めだから馬を飼へ軍国の必要上馬が無くてはならぬから養えの勧説のみでは，中々応じない」[3]ようになり，経済的合理性を伴わなければ，（軍用向けの）改良馬を農馬として飼わせることが困難となったのである。

こうした変化を受け，新たに馬政主管となった農商務省畜産局が作成した馬政第二期計画の綱領では，次のように「国防」と「経済」が同列に置かれることとなった。

　　　馬政第二期計画ハ産業上ノ施設及助長奨励ト相俟チテ馬ノ改良増殖ヲ図ルニ存シ其ノ方法ハ国防上及経済上ノ基礎ニ立脚シテ持久力ノ大ニシテ用途ノ広キ馬ヲ得ルヲ主旨トシ左記諸号ニ依リ之ヲ遂行セムトス[4]

ただしこの「国防上及経済上ノ基礎ニ立脚」した馬匹を得るという主旨について，具体的な説明は行なわれていない。まず量に関しては「全国ニ於ケル総馬数ハ国防上及産業上ノ見地ヨリ少クトモ百五十万頭ヲ維持スル必要アル」（第二号説明）とされていたが，国防上はともかくも[5]，産業上の見地から150万頭を必要とする根拠は一切明らかにされていない。また質に関しても「軍事上ノ要求ヲ充タスト共ニ産業上最モ必要トスル体高適度ニシテ体格堅実ナル所謂実用的体型馬ノ多数ヲ生産セシムルハ経済的基礎ノ上ニ立脚セシムル所以ナル」（第五号説明）とされていたが，軍事と産業の要求する馬が本当に一致し得たのか，両者に差異があった場合にはそれをどのように調整するのかについて示されていないのである。本章では「国防上及経済上ノ基礎

---

3) 竹中武吉（福島県技師）「産馬の統制に就て」『馬の世界』第10巻第6号，1930年6月，p. 13。
4) 神翁顕彰会編『続日本馬政史』第1巻，農山漁村文化協会，1963年，p. 58。
5) 後述のように戦時所要の軍馬頭数は次第に増加しており，国防上の見地からは少なくとも国内150万頭を維持することが必要とされていた。

ニ立脚」という表記に内在した上記のような軍需と民需（多くは農馬需要）の対立局面に着目し，この表記を馬政計画第二期における産馬業のキーワードとして取り上げたい。

## 2）本章の課題

　以下，馬政第二期計画と同時期産馬業に関する先行研究を概観しつつ，本章の課題を設定する。まず高橋三四次らは，前掲の馬政第二期計画綱領について次のように述べている。

> 　この綱領の前文は，……一方では国防上の要求を充たし，一方では産業上の基礎に立脚しつつ持久力に富む用途の広い馬を生産するというまことに困難な事業であった。一方国防上の要求が強くなれば産業馬としての立場をある程度犠牲にしなければならず，それが度を越せば農民の馬飼養意欲を減殺し，国防上の要数の確保に支障をきたすことになるなど両頭の蛇は常にジレンマに悩まされる実情であった[6]。

　これは「国防上の要求」（軍馬）と「産業馬」が基本的に相容れない関係にあり，馬匹改良という前者の質的要求が追求されれば，軍馬資源の減少という量的な問題が同時に引き起こされることになったという指摘である。しかしそうした「ジレンマ」がどのように解消されたのか，あるいは解消されようとしたのかについては踏み込まれていない。

　また榎勇は，同綱領の中で「国防」と「経済」が同列に置かれたことを高く評価し，さらに産馬業の主導性が軍需から民需へと移行したと述べている。

---

[6] 高橋三四次（執筆責任者），飯島実，川村太郎次，竹中武吉，新関三郎「馬産事業の形成」（農林省畜産局編『畜産発達史』本篇，中央公論事業出版，1966年，第3章）p. 514。

第一次世界大戦が終焉し，平和が蘇るとともに，世界はあげて軍縮時代に
　　はいったが，その結果，わが国においても，馬に対する軍事的要請は低下し，
　　軍の馬格改良に対する干渉も従来に比して弱められ，その主導権はようやく
　　民間の手に移されるようになった[7]。

　しかし後述のように，当該期においても「軍事的要請」は低下しておらず，むしろ上昇していたといえる。また軍の「干渉」が弱まったことは，必ずしも民需主導への移行を意味しない。なぜならば軍は直接介入しなくても，その意向が産馬業実態の中に反映されていればよいからである[8]。したがって産馬業の主導権が軍需・民需のどちらにあったのかについては，制度や政策の変化を追うだけでなく，農村現場において具体的にどのような経済的・技術的条件が農馬の飼養形態を規定していたのかを分析する必要があるだろう[9]。

　以上をふまえ，本章では次の2つを課題としたい。

　第一は，馬政第二期計画綱領の「国防上及経済上ノ基礎ニ立脚」という馬政方針に込められた意味，すなわち同計画期における軍からの質的要求（馬匹改良）を追及すれば量的要求（馬頭数の維持）が満たされなくなるというジレンマについて，陸軍および農林省畜産局がどのように認識し，また解消しようとしたのかを明らかにすることである。このことにより，当該期の馬をめぐる軍民間の基本的な対立構造が描き出されるだろう。

---

7) 榎勇「農民的畜産の形成」（北海道立総合経済研究所編・発『北海道農業発達史』下巻，1963年）p. 584。
8) この点に関して，石黒忠篤による次の指摘は興味深い。「（馬政主管の移動について）農商務省が軍備縮小の"あて馬"に使われたようなものだ。国の産業費の中に，軍事費を押し込むのは実にずるいやり方だ」日本農業研究所編『石黒忠篤伝』，岩波書店，1969年，p. 170。
9) この他に，東北地方では農馬が単なる家畜ではなく家族の一員として扱われていたことや，軍の要求には出来る限り応えるべきだという当時の風潮なども，農馬の飼養形態を規定していた要因としてあげられるが，本論では分析対象として取り上げない。

第二は，同時期の農村現場において農馬部門の経営収支改善という農民的要求が，軍馬資源の確保という軍事的要請の干渉を受けながらどのように実現を図られたのかを，上記の馬政方針と対比しつつ明らかにすることである。特には農家の階層差に関して，馬の飼養は大経営に有利で小経営に不利であったという傾向が既に多くの論者から指摘されているが[10]，そうした傾向が上記2つの要請のいかなる調和・対立関係から生み出されたのかについて検討したい。

　以上の2点について，本章では東北地方における馬の使役農家を対象として分析する。馬匹改良の進展をめぐる軍・農の対立関係は，使役部門において顕著かつ具体的に表われたからである。軍馬購買事業を通じて軍と協調関係にあったともいえる馬産部門（馬産農家）に関しては，第5章において別途考察する。

　本章の構成は次の通りである。まず，第一次世界大戦以降には戦時軍馬需要[11]が増加したにもかかわらず，軍縮下の陸軍がそれに応じた軍馬資源政策を自ら行ない得なくなったことを論じる（第1節）。またそうした状況下で作成された農林省畜産局の馬政方針が，民需の要求する馬を軍需のそれと一致させることにより，畜産行政の枠組みの中で軍馬資源を質・量の両面において確保しようとしたものであったことを明らかにする（第2節）。次に農馬部門の経営収支改善という農民的要請について，まずは上記の馬政方針を実現するために畜産行政サイドが奨励した，農馬の利用を拡大することによって使役収入[12]を増加させるという方法（以下，「馬利用増進」と表記）について分析する（第3節）。続いて，それに対抗する形で馬の使役農家（特には小規模

---

10) 代表的なものとして，近藤康男「馬産地農業経営の規模 —— 岩手県上閉伊郡綾織村砂子沢部落における実態調査」（同『農業経済調査論』近藤康男著作集第6巻，農山漁村文化協会，1974年，pp. 77-139）があげられる。
11) 平時軍馬需要と戦時軍馬需要に関しては，序章第2節3）を参照。
12) 使役収入とは，馬の使役に対して支払われる労賃（自家利用の場合にはその現金評価額）を指す。

農家）側から発せられた，馬の購入費や飼養費といった支出を削減するという方法（以下，「支出削減」と表記）について考察する（第4節）。以上，第3節・第4節の分析によって，農村現場における馬をめぐる軍と馬飼養農家との具体的な対抗関係を明らかにしたい。

## 第1節　馬政計画第二期における軍馬需要の変化

　第一次世界大戦後の陸軍では，山梨軍縮（1922-23年，大正11-12）と宇垣軍縮（1925年）が実施された。これらの軍縮に関して，藤原彰は次のように指摘している。

> 　一九二二―二五年の三次にわたる軍縮が，このような立ちおくれ（総力戦体制の不備や旧型の編制装備のこと，引用者注）を克服するために，軍縮に名をかりた軍の合理化近代化政策として行なわれたものであることは，すでに常識となっている。――四個師団の部隊，九万の兵員，一万九〇〇〇の馬の大規模な縮小を行ないながら，節約した経費わずかに三〇〇〇万円，とくに四個師団を減らした第三次では経費をほとんど減らさず，その余は全部装備の改善にそそいだ[13]。

　こうした表面上の軍縮と軍備の合理化・近代化が並進した中で，軍馬需要のあり方がどのように変化していったのかを以下にみていく。

### 1）平時軍馬需要の減少 ―― 軍縮の影響

　馬政計画第二期の軍馬需要に関する第一の変化として，平時軍馬需要（常

---

13）藤原彰『日本軍制史』上巻戦前篇，日本評論社，1987年，pp. 170-171。

表 4-1　軍馬購買頭数の変化

| 年次 | 2歳 | | | 3・4歳 | | | 5歳以上 | | | | 合計 | | | |
|---|---|---|---|---|---|---|---|---|---|---|---|---|---|---|
| | 乗馬 | 輓馬 | 計 | 乗馬 | 輓馬 | 計 | 乗馬 | 輓馬 | 駄馬 | 計 | 乗馬 | 輓馬 | 駄馬 | 計 |
| 1910年 | 1,483 | 684 | 2,167 | 799 | 258 | 1,057 | 1,990 | 838 | 513 | 3,338 | 4,272 | 1,780 | 513 | 6,562 |
| 1915年 | 1,393 | 682 | 2,075 | 385 | 333 | 718 | 850 | 323 | 324 | 1,497 | 2,628 | 1,338 | 324 | 4,290 |
| 1920年 | 1,301 | 1,030 | 2,331 | 731 | 493 | 1,224 | 1,950 | 1,388 | 502 | 3,840 | 3,982 | 2,911 | 502 | 7,395 |
| 1925年 | 1,218 | 525 | 1,743 | 288 | 3 | 291 | 487 | 15 | 211 | 713 | 1,993 | 543 | 211 | 2,747 |
| 1930年 | 1,306 | 471 | 1,777 | 583 | 351 | 934 | 602 | 438 | 359 | 1,399 | 2,491 | 1,260 | 359 | 4,110 |
| 1935年 | 1,541 | 569 | 2,110 | 576 | 372 | 948 | 1,682 | 1,251 | 1,026 | 3,959 | 3,799 | 2,192 | 1,026 | 7,017 |

出典：『陸軍省統計年報』各年より作成。

備軍の部隊保管馬）が減少したことがあげられる。前掲の引用文中にもあるように、軍縮によって陸軍の部隊保管馬は約1万9千頭が削減された[14]。その影響から、部隊保管馬を補充するための軍馬購買事業も規模を縮小されている（表4-1）。ただしその縮小の度合いは、年齢・用途によって違いがみられる。軍縮を挟んだ1920年以前と1925年以降を比べると、年齢別では壮馬購買（5歳以上）が幼駒購買（2歳）より減少し、また役種別では輓馬購買が乗馬購買よりも減少しているのである。このため最も減少が著しかったのは壮馬輓馬の購買であり、1925年には僅か15頭に留まっていた[15]。一方、幼駒乗馬の購買に関しては、概ね軍縮以前の水準が維持されていた。このように幼駒乗馬を優先した理由について、今村安（騎兵大尉）は次のように述べている。

　　　目下の馬産状態を鑑みますに、兎に角輓駄馬と云ふものは国防上の要求と産業上の要求とが一致する点が相当多いので……輓駄馬は産業上の要求が自然の奨励をなして居るのでありまして実は之が何よりの奨励で政府の行ふ奨

---

14) 軍縮以前の部隊保管馬数は不明であるが、軍馬購買数が年4000頭前後であったこと（表4-1）、補充率は1/10以下と定められていたことなどから、4万頭前後であったと推測される。なお軍縮後の1933年については、1万7508頭という数値が確認される（神翁顕彰会編、前掲書、pp. 684-685）。
15) 1924年と26年における壮馬輓馬の購買数はゼロであった。

励等に数倍する効果を持つて居るのであります，所が乗馬となると競走馬は例外としまして其他は殆んど大部が乗馬隊の需要するもので軍隊に買はれないと何にもならぬと云ふ非常な脅威を受けて居りますので輓馬に較べますと甚だ割の悪い立場に置かれて居ります，……之に奨励の主点を置くと云ふ事は区々たる立場からでなく所謂，国家的国防的観念から見て至当の事と存ぜられます[16]。

　戦前日本では，輓馬・駄馬の民需が農馬や都市運搬馬などの形で広く存在していたのに対し，乗馬の民需はほとんど存在しなかった。このため陸軍は輓馬・駄馬の購買を犠牲にしても乗馬の購買頭数を維持し，平時より自ら乗馬資源として確保しておく必要があったのである。

### 2）戦時軍馬需要の増加 ── 陸軍近代化の影響

　第二の変化として，上記のように平時軍馬需要が減少した一方，戦時軍馬需要（戦時に必要とされる軍馬）は反対に増加していったことがあげられる。一般に，第一次世界大戦以降には自動車の台頭によって戦時軍馬需要が減少したと思われているが，実際は全く逆である。軍馬動員数の変化をみると，日清戦争時には全期を通じて 5.8 万頭，日露戦争時には同じく 17.2 万頭であったのに対し，アジア・太平洋戦争時には 1941 年（昭和 16）時点で配属されていた軍馬だけでも 34.3 万頭（方面別では中国 14.3 万，「満州」14.1 万，南方 3.9 万，朝鮮 2.0 万）に達していたのである[17]。このように戦時軍馬需要が増加した要因として，次のことが指摘されている。

　　　携帯機関銃，軽砲等は主として歩兵に配属せられ之が運搬に馬は非常に必

---

16) 今村安（騎兵大尉）「馬産に関する坂西氏の所論を駁す」『馬の世界』第 7 巻第 1 号，1927 年 1 月，p. 31。
17) 神翁顕彰会編，前掲書，pp. 662-66，及び外山操・森山俊夫編『帝国陸軍編制総覧』芙蓉書房出版，1987 年，p. 97。

第 4 章　軍馬資源確保と農民的馬飼養の矛盾 | 135

要となり又兵器，野戦工事の発達と共に軍需品補給非常に増加せると砲の発射弾数増加せる為めにて発射弾数の如き欧州戦乱に於ては日露戦争の十五倍に増加せり，此の外兵員の増加と共に戦線の拡張は自動車，軽便鉄道以外に馬の必要増加を来せる所以にして其種類は乗馬より輓馬駄馬を必要とするものとす[18]。

　先の藤原の指摘にそくしていえば，装備近代化の過程において弾薬[19]，兵糧などの物資運搬量が激増したことによって，一見近代化とは反対のイメージである軍馬の需要が運搬手段（輓馬・駄馬）として増加していったのである。また自動車運搬への切り替えが困難であったのは，以下2つの制約があったためとされている。

　1つは予想戦場からの制約である。中国・ソ連を仮想敵国とする当時の情勢下では，中国大陸が予想戦場とされていた。同地方には悪路・未舗装路が多かったため，「我国軍の策戦を予想する戦場を考ふる時地形及交通網等の関係は欧州戦争当時の戦場に比し機械兵器の行動を許さざる」[20]状況にあり，自動車による輸送が困難とされたのである（前掲，写真序-2）。

　もう1つは燃料供給からの制約である。第一次世界大戦以降に整備された航空部隊に関して，国内に石油資源をもたない日本では，石油を「航空機ノ需要ヲ充タスカ為ニハ他国カラ前以テ沢山取リ入レテ置カナケレハナラヌ景況」[21]にあった。このため陸上輸送においてはなるべく石油を節約することが要請され，「大部ハ輓馬ノ力ニ依ラナケレハナラ」ならなかったのであ

---

18) 第一回馬政委員会（1924年9月26-27日）における宇佐美興屋（陸軍省騎兵課長）の発言，「馬政委員会」『馬の世界』第4巻第9号，1924年9月，pp. 28-29。
19) 日露戦争時の日本軍が使用した砲弾使用量は全期を通じて約100万発であったが，第一次世界大戦時のフランス軍の使用量は1日で8-15万発，最高時は35-45万発に達したとされる（山室信一『複合戦争と総力戦の断層 —— 日本にとっての第一次世界大戦』人文書院，2011年，pp. 155-156）。
20) 武藤一彦（軍馬補充部本部長・陸軍中将）「軍馬の資源に就て」『馬の世界』第13巻第10号，1933年10月，p. 8。
21) 農林省畜産局『第三回馬政委員会議事録』1926年，p. 19。

る[22]。

　以上，馬政計画第二期における軍馬需要の変化をまとめると次のようになる。第一次世界大戦後の陸軍近代化の過程においては，物資運搬量の激増によって戦時軍馬需要（特には輓馬・駄馬）が増加したため，平時に確保しておくべき軍馬資源量が増加した。これに対し，同時期の陸軍は，軍縮によって限られた軍馬関連予算を乗馬購買に集中せざるを得なかった。そのため戦時に最も多く必要となる輓馬・駄馬については，軍馬資源として維持するための保護奨励を陸軍の外部に委ねなければならなくなったのである。

## 第2節　馬政第二期計画の馬政方針

　上記のような軍馬需要の変化を背景として，馬政計画第二期における軍馬資源確保には，馬匹改良の更なる進展とともに国内馬頭数の維持が必要とされた。この2つの要求を，陸軍及び新たに馬政主管となった農林省畜産局はどのように満たそうとしていたのか。先述のように馬政第二期計画綱領ではこの点に触れられていないため，ここでは『馬政委員会議事録』における陸軍・農林省関係者の発言記録を用いて検討したい。馬政委員会とは，馬政第二期計画期における農商務大臣（農林大臣）の馬政諮問機関であった。委員長は農商務（農林）政務次官，委員は同大臣の嘱託・任命による若干名（15名前後）と規定され[23]，実際の参加委員は農林省畜産局および陸軍省，主要産馬地方の畜産組合連合会，民間馬事団体などの関係者であった。

---

22) 実際の日中戦争時では，中国軍によって鉄道が頻繁に爆破されたことも，輸送を馬匹に依存せざるを得なかった一因とされる。山田朗「兵士たちの日中戦争」（吉田裕ほか『戦場の諸相』岩波講座アジア・太平洋戦争第5巻，岩波書店，2006年）pp. 38-42。

23) 1924年「馬政委員会規則」，神翁顕彰会編，前掲書，p. 198。

## 1) 陸軍の馬政方針

　軍縮下の陸軍は，直接的に保護奨励できなくなった輓馬・駄馬の軍馬資源をどのように確保・維持しようとしたのか。この点を，第4回馬政委員会（1927年6月1，2日，写真4-1）における第一諮問事項，「一，本邦ニ於ケル馬ノ頭数ノ維持増加ヲ図ル為最モ有効適切ト認ムル方策如何」に関する議事録から探っていく。

　まず諮問事項である「馬ノ頭数ノ維持」について，持田謹也（北海道畜産組合連合会会長）は陸軍に対して次のような質問を行なった。

> 　　（馬匹改良の結果，軍馬として）其の資質が向上して予期の馬がそこに出来たとするならば，数に於ては減つて居ても役に立つものが多くなる訳でありますから，我々は漫然と考へて所要頭数にさまで不足はないではないか，こんな風に考へて居つたのであります，……陸軍方面の各種の馬の必要がどの程度迄どうあるかと云ふことを一つ卒直に，秘密もございませぬが，国防上大なる支障のない限り一つどうか御漏らしを願つて，それでどうしてもそれをしなければならぬと云ふならば今後特別な施設をするか或は又我々も亦特別な考へを以て馬の増殖問題を考へなければならぬと思ひます[24]（傍点および括弧内の注記は引用者，本節では以下同じ）

　馬匹改良によって軍用適格馬は増加しているのであるから，国内馬頭数が減少しても国防上の問題にはならないのではないか，もしなるのならその根拠を陸軍は示すべきだというものであった。これに対し，植田謙吉[25]（軍馬補充部本部長）は当初，軍事機密を理由として回答を拒んでいたが，他の民間委員が持田を支持したことに押し切られ，最終的に速記を中止させた上でその根拠となる戦時所要軍馬数を口頭で明らかにしている。これにより民間

---

24）農林省畜産局『第四回馬政委員会議事録』1927年，pp. 3-4。原文カナ，濁点を適宜補った。後にみる『第三回馬政委員会議事録』についても同様。
25）後に朝鮮軍司令官（1934-35年），関東軍司令官（1936-39年）などを歴任。

委員の了承が得られ，以降は国内馬頭数，特にその大部分を占めた農馬頭数をどのように維持すべきかが討議の中心とされていった。以上の過程で注目されるのは，馬頭数の維持がなぜ産業上の見地からも必要なのかについて全く問われていない点である。この点に関しては，僅かに山本悌二郎（農林大臣）が次のように言及したのみであった。

> 農村に於ける馬の漸減と云ふことは農村の動力減少と云ふことにも相成り又肥料の関係の上から申しても極めて重大な影響もあることでありまして是等は産業上からのみ見ましても動かすことの出来ない現象のやうに思はれるのであります[26]

ただしここで挙げられている農業動力や肥料供給に関しては，他の畜力や機械動力，化学肥料などによって代替の可能性があり，産業上の見地から馬頭数の減少が問題とされる理由として十分とはいえない。したがって上記山本の発言は建前上のものであり，馬頭数の減少は専ら国防上の見地から問題視されていたものと考えられる。前掲の馬政第二期計画にみられた国内総馬数150万頭の維持という目標も同様であろう。

次に，こうした馬頭数の維持という要求を民間に押し付けながらも，陸軍自身がそれに見合った産馬政策を行なっていないことについて，広沢弁二[27]（大日本産馬会常務理事）は次のように批判している。

> 我が国の馬政より軍事と云ふことを仮りに除いたならば何も之だけの騒ぎをせずとも之だけの馬政の看板を張らずとも宜いのであります，唯軍事の要求に馬政が払はれて居る，然るに軍事上の御要求が徹底して居らない，従つ

---

26) 前掲，『第四回馬政委員会議事録』，p. 5.
27) 広沢牧場（青森県上北郡，第2章第1節2）の初代牧場主であった広沢安任の養子。安任より同牧場を引き継いで経営した他，衆議院議員に当選し（1912年），また大日本産馬会（1911年）や帝国馬匹協会（1926年）の創設に携わるなど，中央でも精力的に活動していた。

第 4 章　軍馬資源確保と農民的馬飼養の矛盾　139

**写真 4-1　第 4 回馬政委員会出席者**
1927 年 6 月 1, 2 日，於農林大臣官邸。本章での登場人物は，佐々田伴久（後列左端），植田謙吉（後列左から 5 番目），藤田萬次郎（同 7 番目），広沢弁二（前列左から 2 番目），阿部信行（同 4 番目），山本悌二郎（同 6 番目），持田謹也（同 9 番目）。
出典：『馬の世界』第 7 巻第 7 号，1927 年 7 月，口絵。

> て兎角馬の問題が不安定である……軍事上の目的が前提であるならば此の現状を如何にして転回すると云ふお考へか軍事当局に是非なければならない，若しそれがなく只漠然として……漠然と云つては語弊がありますが，此の儘の推移に任せて居ると云ふお話であつたならば私は我が馬事終れりと思ふのであります，それこそ民間の犠牲的精神は消滅する訳でありますが，其の辺のお考へがありますならば其の一端をお伺ひしたいと思ふのであります[28]

先述のように，第一次世界大戦後の軍馬購買事業は規模が著しく縮小され，また乗馬を中心に行なわれるようになった。この購買方針の転換によって「不安定」となった民間産馬業に対し，「漠然として」積極策を講じない陸軍を批判したのである。これに対して，阿部信行[29]（陸軍省軍務局長）は次のように回答している。

> 御承知の如く我が国平時の軍事上の施設から申して費用其の他を非常に節して居る所の場合に於て，馬だけに付て特殊の保護をするとか或は特別に高い金を出して保護すると云ふことは頗る困難な状態にあります……そこで私共は矢張り軍部の直接の施設ばかりでなく，一般に国家としての施設に於て馬を自然に殖やして，それが有事の際国防上に利用せらるゝと，斯う云ふことになるより外はないものと思ひます[30]

軍縮下においては陸軍の馬政予算の増加は困難であり，軍による保護奨励を拡大することは不可能であ，その不足分は一般施策つまりは農林省馬政の中で行なって欲しいというものであった。特には民間にも需要が存在し，それゆえ軍による保護奨励が後回しにされた輓馬・駄馬を指しての発言と考えられる。以上のように，陸軍は軍馬資源（特には輓馬・駄馬）の確保に関して，150万頭という量については妥協をみせない一方，その保護奨励につい

---

28) 前掲，『第四回馬政委員会議事録』，pp. 60-61。
29) 後に内閣総理大臣（1939-40年），朝鮮総督（1944-45年）などを歴任。
30) 前掲，『第四回馬政委員会議事録』，p. 61。

ては新たに馬政主管となった農林省畜産局に押し付けようとしたのであった。

## 2）農林省畜産局の馬政方針

　上記のような陸軍の要求を受け，馬政主管を引き継いだ農商務省畜産局[31]はどのような意味を込めて「国防上及経済上ノ基礎ニ立脚」という馬政方針を定めたのか。この点を先程と年次が前後するが，第3回馬政委員会（1926年6月17，18日）における第一諮問事項「一，役馬ノ需要増進ニ関スル適切ナル方策如何」に関する議事録から以下にみる。

　まず農林省畜産局は，馬政の重点を軍需・民需のどちらに置いていたのか。この点について，蔵川永充（畜産局長）は会の冒頭で次のように発言している。

　　　　申す迄もなく，馬は軍事上最も必要なるものでありまして，国内に相当の数を繋留するの必要があるのであります，斯くの如く（役馬の）減少の趨勢を見ることは余程考慮すべき問題でありまして，今に於きまして更に是が対策を講ずる必要があることは申上げる迄もないと存ずるのであります，是が対策と致しましては，どうしても馬の需要を増進し，民間に於ても平時是が需要を増進すると云ふことにならなければならないと思ふのであります[32]

　ここでは軍需と民需を対等に扱うのではなく，前者を重視するという姿勢

---

31) 農商務省内の畜産行政が陸軍から馬政主管を引き受けた理由として，①軍縮期とはいえ軍の権威を無視できなかったこと，②従来の畜産課（農務局内）から畜産局に昇格し，省内における権益を強化できたこと，などが考えられる。ただし畜産局による産馬政策に陸軍の意向が全面的に貫徹されていたわけではなく，例えば乗馬の保護奨励が軽視されているといった批判が陸軍から上がっていた（大島又彦（陸軍中将）「軍事上より観たる我邦の馬政（続）」『馬の世界』第7巻第11号，1927年11月，pp. 8-9）。
32) 前掲，『第三回馬政委員会議事録』，p. 3。

が表明されている。また後半の戦時所要軍馬数を確保するために民間の馬需要を増進しなければならないというのは，先にみたような陸軍の意向をふまえたものであろう。

次に，軍需を主導とした馬匹改良の民需に対する影響について，藤田萬次郎（岩手県産馬畜産組合連合会副会長）は次のように述べている。

> 軍馬として資質の向上を要求せらるゝ結果，近年馬の質が非常に向上いたしまして，従つて価格も大分以前より高くなつて来ました，……併し一面需要者の方に於きまして，農家経済の程度からして，今日までは高過ぎると云ふやうな関係から其の需要が余程減退して居りはしないかと思ふのであります[33]

軍需を優先した馬匹改良によって馬価格が上昇し，それが民需（農馬需要）の減少を引き起こしているという指摘である。前掲の先行研究における国防と産業の「ジレンマ」という表現に相当しよう。これに対する蔵川の返答は，次のようなものであった。

> 私共は斯う考へて居るのであります，馬は一面に於て改良すると共に之の需要を増進すると云ふことは必要である，需要を増進して改良したる馬を以て丁度適当に利用すると云う一致点を見出して，其の一致点を見出すならば，馬の改良に伴ふて需要を増進すると云ふ結果になるのではなからうか……御承知の通り日本の農馬なるものは年に僅に二ヶ月しか馬を利用して居らぬ，従つて如何に改良した馬でも其の利用する間が少ない為に余り改良の必要を認めないと云うことになつて来て居るのではなからうか，此の馬の利用方法を攻究して農家に於て使用する範囲を拡大すると云うことが必要になつて来るのではなからうか[34]

---

33) 同上，pp. 11-12。
34) 同上，pp. 12-13。

この発言からは,「軍事,産業両方面より見て之が考究を要するという特殊の地位」[35]に置かれていた畜産局の苦悩が窺える。馬政主管としては,前述のように軍需を優先せざるを得ない,同時に軍用向け改良馬を価格の点から不利とする民需も全く無視することは出来ない,という苦況に立たされたのである。こうした状況からの打開策として打ち出されたのが,改良馬を「丁度適当に利用」するように「需要を増進」する,すなわち軍需に対応した改良馬が自ずと必要とされるように民需のあり方を変える,という方針であった。そのことで産馬政策が民需の要求とかけ離れることを避けつつ,馬匹改良と需要増進を同時に実現しようとしたのである。馬政第二期計画綱領における「国防上及経済上ノ基礎ニ立脚」という表記には,以上のような意図が込められていた。役馬奨励規則（1929 年,昭和 4）をはじめとして,当該期の畜産局が行なった馬利用に関する奨励施策については,こうした背景を考慮する必要があるだろう[36]。

　以上,馬政計画第二期における陸軍および農林省畜産局の馬政方針をまとめると次のようになる。まず陸軍は自ら保護奨励できなくなった輓馬・駄馬

---

35) 蔵川永充（農商務省畜産局長）「馬産の局に立ちて」『馬の世界』第 5 巻第 1 号,1925 年 1 月,p. 4。

36) 1926 年に制定された役馬奨励規則（農林省令第 13 号）では,道府県専任技術員の設置,役馬の共同購入,講習会等の開催などに対して奨励金の下付が開始された。これに対し,ほぼ同じ内容で牛や中小家畜を対象とした有畜農業奨励規則（農林省令第 16 号）が制定されたのは,2 年遅れの 1931 年であった（神翁顕彰会編,前掲書,pp. 535-536,540-541）。馬だけ先行して奨励が開始されたのは,軍馬資源の確保という特殊事情があり,他の家畜よりも保護奨励を厚くする必要があったためと考えられる。なおこうした馬への優遇政策は,後に有畜農業奨励をめぐる畜産局内の部局間対立（畜産課と馬産課）を引き起こすこととなった。「これ迄一般に如何はしき感を懐かしめてゐたのは有畜農業が畜産課に隷属して馬産との関係がなかつたことで,折角の施設も兎角牛羊に偏重して居つた感が多分にあつた。更に之を再説すれば有畜農業とは馬を除外した牛羊を取入れた農業を奨励するかの如く,少からず馬産農山村から遠ざかつてゐた。」巻頭言「畜産局の改組と局長の更迭」『馬の世界』第 15 巻第 7 号,1935 年 7 月,p. 1。

の軍馬資源を,民間馬の保護奨励という名目で農林省に行なわせようとした。これを受けた農林省畜産局は,軍馬資源となる改良馬の需要を民間に創出するという馬政方針を打ち出した。軍需と民需の求める馬を一致させることで,国内馬頭数150万頭を維持しつつ馬匹改良を進めようとしたのである。

## 第3節　馬利用増進による経営収支改善 ── 改良馬需要の創出プラン

### 1）馬利用増進の奨励

　前節でみた改良馬の需要を民間に創出するという馬政方針は,農馬部門の経営収支改善という農民的要請と対峙しつつ,どのように実現を図られたのか。本節では,両者の橋渡し役であった農林技師が具体的にいかなる馬利用の増進を奨励していたのかを分析することによって,この点を明らかにする。

　馬の利用増進を奨励していた代表的な農林技師として,佐々田伴久[37]があげられる。佐々田は利用増進と農馬部門の経営収支改善に関して,次のように述べている。

> 農村に於ける馬の利用方法に付ても改善の余地少からず。例之多くの農家にありては田植及収穫時を除けば,殆ど厩舎内に閉繋して不自然の飼養をなすが為,骨軟症等の病故に陥り,多大の損失を招きつゝあるが,其の利用日数を増加し,馬経済を有利ならしむる意味に於て,動力としての利用方法を昂上せしむること素より必要なれども,近時各地共道路開け交通至便なりつゝあるを以て,農村に於ける物資の運搬或は乗用として軽便繋駕用馬車の

---

[37] 1912年陸軍省馬政局へ入局,福島種馬所長を経て,農商務省（農林省）農林技師に。戦時中には農林省馬政局の馬産課長,馬産部長をつとめた。

利用普及を図ることに付ても，将来相当考慮する必要ありと信ず[38]

　農馬部門の経営収支を改善するためには，農事における馬の利用日数を増加するとともに，副業的運搬などによって利用範囲を農外にも拡大し，それらによって使役収入を増加させればよい，というものであった。ただし佐々田は，馬の「改良増殖に関しては国防上の見地より啻に産業上の経済的発達にのみ委すべからざる」[39]と述べているように，軍馬資源の確保という軍事的要請を念頭に置いていた。したがって上記の馬利用増進の奨励は，単に農民的要請のみを考えたものではなく，農林省畜産局の馬政方針の具現化を図ったもの，すなわち軍需に対応した改良馬を農馬として経済的に飼養できる条件を生み出すためのものであったと捉えられる。

　佐々田を中心とした農林技師が奨励した具体的な馬利用の増進方法として，以下のようなものがあげられる[40]（写真4-2）。注目すべきは，それらを実施するためには労働負荷の増大や周年の利用に耐え得る農馬として，体格・持久力に優れた改良馬が必要であったことである。改良馬を農馬として飼養させる経済的条件を整えることは，改良馬を農馬として不可欠とする技術的条件を生み出すことにも繋がっていたのである。

　農林技師が奨励した1つめの用途として，耕起作業があげられる。東北地方における馬耕普及は，馬匹改良と並行して進展した（序章第2節2））。それが顕著であったのは明治期であったが，当該期には更に（牛）馬耕施行率が上昇している（1920年43.9％から1935年67.0％，前掲，表1-6）。この時期に

---

38) 佐々田伴久（農林技師）「馬産振興上学ぶべき点」『馬の世界』第6巻第1号，1926年1月，pp. 2-3。佐々田はもう1つの収支改善法として，牧野整備による「飼料費の削減」をあげている。こちらも重要な論点ではあるが，本論では考察しない。
39) 同上，p. 4。
40) 本文中にあげた利用用途の他，厩肥生産や駒生産などの奨励も行なわれている。前者は馬の改良に関係なくほぼ一定であり，また後者は馬産農家を対象としたものであるため，ここでは取り扱わないこととする。

**写真 4-2　馬の用途各種**
左上：馬耕（畦立耕），稲作における馬利用の中心であった。
左下：水田中耕除草（5 株取），重労働であった除草作業を省力化するため当該期に導入が図られた。
出典：山田仁市編『馬利用の状況』帝国馬匹協会，1936 年（奈良県立図書情報館所蔵），p. 1, 7, 37, 64。

第 4 章　軍馬資源確保と農民的馬飼養の矛盾　147

右上：傘型原動機による精米．左手の傘状の部分（カラカサ）を馬が回すことで手前の精米機が動かされた．
右下：農用荷馬車による運搬．人力用荷車を改造して馬でも曳けるようにしたもの．

は繁殖利用の低下[41]，耕地整理の進展，近代短床犂の普及などによって馬耕を行なう条件が向上したことで，改めてその普及が図られたのである。特にこの時期の奨励では，①高騰する雇用労賃の削減という経済的利点と，②畜力でなければ深耕が不可能という技術的利点の2つが強調されていた[42]。また重粘土質が多く，馬1頭当たりの耕地面積が広い東北地方では他地方よりも大きな牽引力が要求され，「体格は重く骨格強大にして多量の筋肉を附け」[43]た改良馬が必要とされた。例えば1932年（昭和7）に開かれた東北6県連合馬耕競技大会の出場馬は，平均体高5尺1分（1.55 m）という大型揃いであったとされている[44]。

　2つめの用途として，運搬利用があげられる。これは，従来から行なわれていた刈草・収穫物などの駄載運搬の更なる徹底と，荷馬車を利用した副業的運搬の導入という2つに分けられる。特に後者は農閑期における農馬の遊休化を避け，1年を通じた馬利用を実現する手段として盛んに奨励されていた。以下の引用文は北海道から府県地域への馬移出に関するものであるが，この中では体高4尺7-8寸（1.42-1.45 m）の改良馬需要が増加し，特に荷馬車を牽引する場合には5尺（1.52 m）以上の大型馬が必要であったとされている。

　　昔北海道土産子と称し移出したる在来種は農耕兼駄載用として小格の割合

---

41) この点については，第5章を参照。
42) ①「労力費は主として農繁期に在て労銀の騰貴に依るものであるから，之を農具の利用と，人間以外の力就中畜力の利用によりて経済化を図り」，②「今日農耕に於て畜力を利用する方面は僅に犂起，砕土，代掻及中耕位のものであらうが，其の犂起にしても五寸程度の浅耕では収穫の多きは望まれぬ，之を七寸乃至八寸にするには絶対に人力では出来ず，断じて畜力を待たねばならぬ」（巻頭言「農村の自力更生を促す」『馬の世界』第12巻第8号，1932年8月，pp. 2-3）。
43) 若木寅之助（由利郡農業技手）「馬耕馬の取扱に就て」『秋田県農会報』第56号，1916年9月，p. 33。
44)「東北六県連合馬耕競技大会」『馬の世界』第12巻第12号，1932年12月，p. 74。

に丈夫なりとして今尚歓迎せらるゝも四尺二,三寸の小格は必ずしも希望の全部にあらず寧ろ此の丈夫な素質を有する馬にして体尺は四尺七,八寸程度を望む人多し殊に繁殖を兼ね且つ近年農村に利用せらるゝ変形車（普通の荷車にして後方に臨時続木を附し荷馬車代用として馬に輓かしむる装置なり）に馬を利用する場合体尺は五尺乃至五尺一寸位迄は必要なりといふ[45]

　この他にも当該期には,水田および桑園における中耕除草作業[46]や,畜力原動機を用いた脱穀・調製・精米・製粉といった定置作業などといった新しい利用方法が導入を図られている。特に中耕除草作業は,耕起作業とともに雇用労賃を削減する有力な手段として脚光を集めていた。これらの利用方法には,農林行政がその導入に積極的であったという共通点がみられる。1922年（大正11）に岡山県農事試験場において試験が開始された水田中耕除草は,その典型といえる。農家側からの要望も勿論存在したのであるが,殊に馬に注目してみた場合,農林行政側が率先して改良馬を農馬とする経済的条件を創出しようとしたものと捉えられるだろう。

## 2）馬利用増進の実践形態

　次に上記のような馬の利用増進が,実際の使役農家においてどのように実践されていたのかを,「馬の経済調査」[47]をもとに明らかにしたい。同調査は,農林省畜産局が1929-32年（昭和4-7）において全国25の馬飼養農家を対象として行なった調査期日から近1ヵ年の聞き取り調査である。この中か

---

45) 北海道畜産組合連合会編『北海道産馬府県移出取引改善状況報告書』1931年,pp. 11-12,原文カナ。
46) 中耕除草作業に関しては,大きな牽引力が必要とされず,また馬道の幅の問題から小格馬の方が有利とされた。古村良吉（福島県産馬畜産組合連合会）「馬利用に依る水田除草に就て」『福島県農会報』第113号,1930年9月,pp. 8-12。
47)『馬事時報』創刊号―第11号,1930年1月―1932年7月。調査要綱については創刊号pp. 2-3を参照。

表 4-2 「馬の経済調査」（東北・北陸地方の使役農家）

①調査農家の概要

| 事例 | 調査期日 | 調査地 | 経営耕地面積（町歩） | | | 飼養馬 |
|---|---|---|---|---|---|---|
| | | | 田 | 畑 | 計 | |
| 13 | 1930年2月10日 | 新潟県北蒲原郡佐々木村 | 3.2 | 0.3 | 3.5 | 12歳（3歳 435円） |
| 15 | 1930年8月21日 | 山形県西田川郡西郷村 | 3.5 | 2.0 | 5.5 | 9歳（4歳 400円） |
| 23 | 1932年3月8日 | 宮城県遠田郡北浦村 | 12.0 | 1.1 | 13.1 | 11歳（4歳 280円） |
| | | | | | | 9歳（4歳 250円） |
| | | | | | | 5歳（4歳 140円） |

注：飼養馬はすべて騸馬．馬の年齢は調査時のもの．括弧内は購入時の年齢と価格．

②利用延べ日数とその内訳

| 事例 | 利用延べ日数 | | | 自家利用の内訳 | 厩肥生産 |
|---|---|---|---|---|---|
| | 自家利用 | 副業運搬 | 賃貸 | | |
| 13 | 120日（480円） | 120日（210円） | 10日（20円） | 耕耘60日，代掻20日，砕土15日，運搬25日 | 3,000貫（78円） |
| 15 | 71.5日（199円） | — | — | 馬耕28.5日，代掻11日，肥料運搬8日，稲揚5日，雑役19日 | 2,500貫（62.5円） |
| 23 | 337日（395.4円） | — | — | 水田作業及稲収穫運搬240日，畑耕耘52日，薪炭の運搬45日 | 15,000貫（330円） |

注：括弧内は現金（見積）金額．副業運搬は「他人の貨物運送」．「賃貸」は他農家への貸し出しと思われる．
出典：「馬の経済調査」『馬事時報』第4号，1930年10月，同11号，1932年7月より作成．

ら東北六県及び新潟県における馬使役農家の3事例を取り上げ[48]，馬の利用状況を以下にみていく（表4-2，番号は調査時のもの）。

まず（1）調査農家の概要について，3つの事例はいずれも経営面積が3町歩を超えており，各県の1戸平均を大きく上回る大規模農家であった（1930年の平均は新潟1.2町歩，山形1.4町歩，宮城1.4町歩）。馬の種類は不明であるが，購入時の価格から判断すると，少なくとも事例13・15の飼養馬は軍馬

---

[48] 新潟県も東北地方と同じく水田単作地帯であったため，同県の事例も取り上げた。新潟県を含んだ「東北七県」という捉え方については，岩本由輝『東北開発120年』力水書房，1994年（増補版2009年）を参照。また牝馬を飼養した事例では，調査年に駒販売による収入がなくても生産を行なっていた場合もあるため（種付料が計上されている），ここでは牡馬・騸馬のみを飼養した事例を取り上げた。

第4章 軍馬資源確保と農民的馬飼養の矛盾

基準を満たした改良馬であったと考えられる[49]。

次に，経営収支については自給部門の見積金額にバラつきが大きいため，ここでは(2)利用延べ日数とその内訳について，各経営の特徴を指摘するに留めたい。

まず事例13は，1頭当たりの利用延べ日数が3戸中で最大であり（事例23は1頭当たり112.3日），最も積極的に馬を利用していた事例といえる。またその内訳では，「他人の貨物運送」と他農家に対してと思われる「馬の賃貸」が行なわれていたことが特徴である。同農家は経営面積が最も狭く，自家利用で余剰となった馬の労働力を経営外で現金収入化していたものと捉えられる。農林技師が奨励していた経営外への利用範囲拡大（特に運搬業）を実践していた典型的事例といえよう。

これに対し，事例15は利用延べ日数が最も少なく，馬の利用が比較的低位にあったと考えらえる。一応その内訳をみると，他の事例に比べて耕起作業（馬耕）の割合が高く，運搬作業の割合が低くなっている。同農家は馬1頭当たりの耕地面積が最大であったため（事例23は1頭当たり4.4町歩），農林技師が奨励した利用増進方法の中でも，特に多くの労働力を要する耕起作業に利用を重点化していた事例と位置づけられよう[50]。

また利用延べ日数が最も多かった事例23は，1頭当たりの利用延べ日数が事例13の自家利用日数とほぼ変わらないものの，同時に最も多くの厩肥を生産していたという特徴がみられる。自家利用日数を飼養馬3頭に分散させることによって，厩肥生産に充てる日数を確保していたものと考えられる。

以上のように，馬の利用増進に関しては，経営外に対する利用範囲の拡大，耕起作業への利用重点化，あるいは多頭数による農耕利用と厩肥生産との両

---

49) 1920年代における3・4歳の軍馬購買価格は，350-400円程度であった。
50) 自家利用による使役収入を利用延べ日数で割ると，事例13は4.0円，事例15は2.8円，事例23は1.2円となり，事例15は事例23よりも高い（事例13はやや過大と思われる）。これは事例15では終日を要し，また労働負荷が大きい馬耕の割合が高かったことの反映と考えられる。

立といった様々な形態が存在したのであるが，ここではそれらの事例がいずれも大規模農家であった点に注目したい。本調査は農林省畜産局が自ら行なったものであり，馬利用の増進による収支改善に成功した事例が恣意的に選ばれていたと考えられる。したがって調査対象が大規模農家に集中していたことは，利用増進という方法だけではすべての馬使役農家に収支を改善させるのが困難であったことを示していよう。それは後述のように，そうした収支改善法が平均的な経営面積の小規模農家では受け入れられなかったことからも裏付けられる。すなわち馬利用増進の奨励は，軍からの量的要求（軍馬資源として農馬の頭数を維持）には対応できていなかったと考えられるのである。

　以上，農村現場において改良馬需要を創出するという馬政方針は，農林技師による馬利用増進の奨励という形で実現を図られていた。農家経営の内外に馬の利用範囲を拡大させることで使役収入を増加させ，農馬部門の経営収支改善という農民的要請に応えつつ，改良馬を農馬として飼養出来る経済的・技術的条件を整えようとしたのである。ただしそれを実践出来たのは，一部の大規模農家（概ね3町歩以上か）に限られていたと考えられる。


## 第4節　支出削減による経営収支改善 ── 小規模農家[51]における小格馬需要

### 1) 小格馬需要の背景

　前節でみたように，農林技師が奨励した農馬部門の収支改善法とは，馬（改

---

51) 当時の文献中では，単に耕作規模の小さい農家（東北地方では概ね2町歩以下）を指しても「小農」あるいは「小農家」という表記が用いられている。本論ではこれらをまとめて「小規模農家」と表記する。

良馬）の利用を増進することによって使役収入を増加させるというものであった。これに対し，馬使役農家の大部分を占めた小規模農家が望んだ収支改善法とは，馬の飼養費や購入費といった支出を削減するというものであった。またその場合には，以下の引用文にみられるように，改良馬ではなく北海道土産馬のような小格馬が必要とされていた。

> 農耕方面に於ても依然として旧農法を固守するに於ては改良馬の本能を発揮することは到底不可能であらう，現に東北地方の牧馬家は自家の生産せる改良馬は之を他へ売り出だし自家用農馬は安価にして取り扱ひ易き北海道土産馬を入れ，又東海，近畿，四国等の農村に於ても，鮮馬，対州馬，驢馬等を歓迎するの傾向がある[52]

小規模農家は，どのような理由から「改良馬の本能を発揮」させることが出来ず，また小格馬を必要としたのか。この点に関して，ある小規模農家が1934年（昭和9）頃に行なった興味深い調査があるため，以下に詳しくみたい[53]。

秋田県北秋田郡の農家Fは，経営面積17.3反歩（田8.2反，蔬菜畑3.1反，果樹園6.0反），家畜は馬1頭・豚1頭・鶏20羽，労働力は家族7名（働き手3名，手伝いできる子供2名）という「同地方では中以下に属する」農家経営であった。1年当たりの経営収入は約1200円，支出は約1260円（家事600円・農事負債元利380円・農事280円）であり，約60円の損失が生じていたとさ

---

52) 柳沢銀蔵（獣医学博士）「本邦造馬に対する将来の整理に就て」『馬の世界』第10巻第7号，1930年7月，p. 20。
53) 井上綱雄（農林技師）「小農家の馬の飼養費に就て」『馬の世界』第15巻第4号，1935年4月。本文中にも記したように，本調査と前掲「馬の経済調査」はどちらにも調査方法に難点がある。このため本論では両調査の比較は行なわず，農林省サイドと農家サイドがそれぞれ収支改善に関してどのような点に注目していたのかをみるに留めた。なおより調査方法の確立されたものとして，戦時中に行なわれた農林省馬政局による馬産経済実態調査（1937-41年）があげられる。

表 4-3　秋田県北秋田郡における農馬調査

| 調査農家 | 使役馬 血種 | 使役馬 体高 | 馬車の有無 | 収入 使役 | 収入 厩肥 | 収入 合計 ① | 支出 自給飼料 | 支出 購入飼料 | 支出 其他雑費 | 支出 飼養労力 | 支出 合計 ② | 差引 ①-② |
|---|---|---|---|---|---|---|---|---|---|---|---|---|
| 甲 | ペル系大格牝馬 | 5尺 | 有 | 186.2 | 60.0 | 246.2 | 106.7 | 30.8 | 12.6 | 73.2 | 223.2 | 23.0 |
| 乙 | ペル系中格牝馬 | 約5尺 | 無 | 134.6 | 60.0 | 194.6 | 94.3 | 7.7 | 2.5 | 55.7 | 160.2 | 34.4 |
| 丙 | 雑種，小格，牝 | 4尺6寸 | 無 | 89.6 | 60.0 | 149.6 | 64.6 | 3.2 | 0.5 | 37.1 | 105.4 | 44.2 |

注：単位は円。ペル系とはペルシュロン種系のこと。使役収入の元となった馬の労働時間は甲1,552時間，乙1,070時間，丙896時間。
出典：井上綱雄「小農家の馬の飼養費に就て」『馬の世界』第15巻第4号，1935年4月，pp.10-11より作成。

　れる。こうした収支状況を改善するため，Fは部落内で自らと同程度の標準的農家3戸を対象として馬の飼養に関する調査を行なった。その結果をまとめたものが表4-3である。これによると，改良馬を飼養した甲農家では，馬車利用などによって多くの使役収入が得られているものの，飼養費（飼料，特に購入飼料）の増加はそれを上回り，収支は23.0円の利益に留まっている。これに対し，小格馬を飼養した丙農家では，使役収入は甲農家の半分に満たなかったものの，飼養費がそれ以上に節減されており，収支では3戸中で最も多い44.2円の利益となっている。以上の調査からは，改良馬を飼養して使役収入を増加させるよりも，小格馬を飼養して支出（飼養費）を抑える方が有利という結論が導かれることになる。Fはこの結果を受けて「兎に角小格馬の方が小農には利益であると確信」し，自らも4尺6寸（1.39 m）程度の馬を飼養するようになったという。

　上記の調査結果が意味するところは極めて重要である。なぜならFのような小規模農家では，前節でみた農林技師が奨励した収支改善法，すなわち改良馬の利用を増進して使役収入を増加させるという方法が困難であったことになるからである。ただしこの調査では，農家経営の中から農馬部門のみを抽出しているため，馬利用が他部門に与える積極的効果（耕起作業の強化による反収増加など）が評価されていない。また使役収入を使役時間から算出しているため，同じ作業を行なった場合に作業能率の良い馬ほど使役時間が

短くなり、使役収入を安く見積もられてしまうという欠点がある。したがって上記の結果をそのまま受け取ることは出来ないが、この時期にはＦのような小規模農家に至るまで経営収支を意識するようになり、その結果として使役収入を増加させるよりも飼養費を削減する方が有利であると認識し、馬匹改良に逆行する小格馬を求めるようになったという事実を、ここでは強調しておきたい。

以上は秋田県の事例であるが、他県においても大部分の農家にとっては改良馬よりも小格馬（または牛）の方が経済的に有利とする報告が数多くみられる。

> 福島県：農民曰く近時馬の改良の為め馬格増大し加之みならず価格亦低廉ならず、仍て可成安価なる馬若は牛を購入して農耕使役に供すと[54]。
> 岩手県：農家が牛馬を使用する期間は一年を通じて二十八日しかない、だから大型の動物より小型を使ふてはどうか、牛なら朝鮮牛馬なら北海道の土産馬、どうも農家の状態では現在の牛や馬は荷が勝ち過ぎてゐるやうです……経済力に応じた畜類は何かといふことを考へる必要があるのです[55]。

また上記の文中でも指摘されているように、馬の購入費という点でも小格馬は改良馬よりも有利とされた。このことを統計上で確認しておきたい。まず民有種牡馬の体格は、国有種牡馬の体格よりも総じて小さかった（表4-4）。特に農馬（軽輓馬・駄馬）の生産地であった岩手・秋田・福島においてその差が大きい[56]。したがって民有種牡馬の産駒は国有種牡馬の産駒よりも小型であったと考えられるが、両者の価格を比べると前者の方が安くなっている（表4-5）。以上のことから、体格の小型な馬ほど価格が低い傾向にあったこ

---

54) 竹中武吉（福島）「帝国馬匹改良と其の目標に就て」『馬の世界』第6巻第11号、1926年11月、p. 23。
55) 「岩手県に於ける産馬座談会」『馬の世界』第11巻第9号、1931年9月、p. 38。
56) 青森・宮城の2県でその差が小さいのは、軍需（軍馬）と民需（競争馬）の体格差が小さい乗馬生産地を含んでいたためだと考えられる。

表 4-4 所有別種牡馬の体高

| 地方 | 国有種牡馬（1924 年） | | 民有種牡馬（1922 年） | |
|---|---|---|---|---|
| | 頭数 | 平均体高 | 頭数 | 平均体高 |
| 青森 | 98 | 5.23 尺（1.58 m） | 279 | 5.17 尺（1.57 m） |
| 岩手 | 110 | 5.18 尺（1.57 m） | 477 | 5.05 尺（1.53 m） |
| 宮城 | 71 | 5.15 尺（1.56 m） | 131 | 5.14 尺（1.56 m） |
| 秋田 | 75 | 5.24 尺（1.59 m） | 215 | 5.17 尺（1.57 m） |
| 福島 | 146 | 5.18 尺（1.57 m） | 324 | 5.09 尺（1.54 m） |

出典：『馬政局統計書』第 8 次，『馬政統計』第 1 次。

表 4-5 所有別種牡馬産駒の価格（2 歳）

| 種馬所 | 1916 年 | | | | | | 1926 年 | | | | | | 1926 年 / 1916 年 | | | | | |
|---|---|---|---|---|---|---|---|---|---|---|---|---|---|---|---|---|---|---|
| | 国有 | | | 民有 | | | 国有 | | | 民有 | | | 国有 | | | 民有 | | |
| | 最高 | 最低 | 平均 | 最高 | 最低 | 平均 | 最高 | 最低 | 平均 | 最高 | 最低 | 平均 | 最高 | 最低 | 平均 | 最高 | 最低 | 平均 |
| 青森 | 1,900 | 10 | 109 | 1,200 | 7 | 60 | 8,000 | 30 | 231 | 1,800 | 26 | 169 | 4.2 | 3.0 | 2.1 | 1.5 | 3.7 | 2.8 |
| 岩手 | 1,750 | 17 | 117 | 4,750 | 7 | 73 | 3,400 | 32 | 227 | 7,000 | 30 | 177 | 1.9 | 1.9 | 1.9 | 1.5 | 4.3 | 2.4 |
| 宮城 | 700 | 10 | 71 | 450 | 6 | 50 | 1,000 | 18 | 170 | 800 | 17 | 127 | 1.4 | 1.8 | 2.4 | 1.8 | 2.8 | 2.5 |
| 秋田 | 1,000 | 4 | 66 | 500 | 3 | 46 | 1,000 | 11 | 185 | 1,001 | 11 | 170 | 1.0 | 2.8 | 2.8 | 2.0 | 4.4 | 3.7 |
| 福島 | 600 | 10 | 59 | 700 | 1 | 45 | 3,100 | 12 | 127 | 1,000 | 11 | 117 | 5.2 | 1.2 | 2.1 | 1.4 | 11.0 | 2.6 |

注：単位は円。国有は国有種牡馬産駒を，民有は民有種牡馬産駒を指す。
出典：『馬政局統計書』第 6 次，『馬政統計』第 1 次より作成。

とがうかがえよう。また表 4-5 の 1916 年と 26 年を比較すると，平均価格および最低価格の上昇幅が，国有種牡馬産駒よりも民有種牡馬産駒の方で大きくなっている[57]（特に最低価格）。これは出来るだけ購入価格の安い馬を求めて，農馬の購買が民有種牡馬産駒に集中したことを示すと考えられる。

ただし以上のような小格馬需要はあくまで収支改善という経済的理由から生じたものであり，農業技術的に改良馬が不必要とされていたわけではない。次のように，小格馬を求めていた農家であっても，経済性を度外視した場合にはむしろ改良馬を欲しがっていたのである。

　　農村に於ける使役馬の減少は決して馬の不必要なるが故ではなくて，農家の

---

[57] 最高価格は，概ね 1000 円以上で行なわれた国有種牡馬候補馬の購買，500 円以上で行なわれた民有種牡馬候補馬の購買の有無によって大きく変動した。

疲弊が大なる原因であることは，注意しなければならぬ。農家の疲弊が現状の如くであるから，従つて農家の求むる馬がなるべく安価なものとなるのは誠に止むを得ない次第である。農家は改良を加へ能力の高い馬を望んでゐるけれども，其れが出来ないのである（傍点は引用者）[58]。

　上記のように技術面に関しては一考の余地を残すものの[59]，多くの農家が経済的理由から小格馬を要求するようになったことは，軍馬（改良馬）を農馬として飼養させようとする陸軍・農林省の意向との対立を意味していた。支出の削減を図る小規模農家にとって「農馬としての理想は体格の小柄であつて耕作に使役して持久力に富み，粗食に耐え，飼料を多く要せず，強健なるもの」であったが，こうした点が「軍馬を主として講ぜられた」[60]馬匹改良政策の中では十分に考慮されていなかったのである。

## 2）馬論・牛論

　馬政計画第二期には，農家役畜として馬を有利とする馬論と，牛（特には朝鮮牛）を有利とする牛論が激しく対立した。東北地方では，秋田県と福島県の『農会報』誌上に活発な論争をみることが出来る。先述した農林技師による馬利用増進の奨励は，馬論の一部に該当するものである。これに対し，牛論を主張していたのは，地方技師（県技師や農会技師）が中心であったとい

---

58）井上綱雄，前掲論文，pp. 9-10。
59）技術的にどのような馬が必要とされたのかは，地方による差も大きかった。例えば山間部における駄載運搬に関して，甲信越地方では道端に点在した巨大岩や深い積雪を避けるため，体高の高い馬が適切であったとされる（三澤勝衛『地域からの教育創造』三澤勝衛著作集第 2 巻，農山漁村文化協会，2009 年，pp. 179-184）。一方，北海道渡島・檜山地方では狭い道幅を通るため，小格馬の方が適したとされている（丹治輝一「土産馬・駄載運搬・馬追いの仕事 —— 土谷福次郎氏聞書き」『北海道開拓記念館調査報告』第 41 号，2002 年 9 月，p. 41）。
60）横井時敬（農学博士）「農馬より観たる現在馬政上の意見」『馬の世界』第 7 巻第 1 号，1927 年 1 月，p. 18。

う違いがみられる。同じく農村現場に接する技師たちの中でも，中央所属（農林技師）と地方所属（地方技師）の間で意見が異なっていたのである[61]。

牛論の中では，以下の引用文にみられるように，馬よりも飼養費・購入費などの経費が少ない，廃役後には肉用として売却できるといった経済的利点が特に強調されていた[62]。この点で牛論は，小規模農家が望んだ小格馬飼養による支出削減という収支改善法の延長線上に位置づけられよう。すなわち馬論と牛論の対立というよりは，改良馬論と小格馬・牛論の対立という構図だったのである。

> 今日の小農をして農馬を使役せしむるにはあまり犠牲が多過ぎる，それ故に此際馬を牛に乗り代へやうとするも一方策と云はねばならぬ，牛の価格や其の飼育費用は今更馬に比較する迄もない程安価なことは云ふまでもない，而かも廃牛又決して廃牛にあらざる程の値打を有することは先進地の唱ふる所である[63]

また，役畜を馬から牛に替えることは軍馬資源の減少に繋がるという批判に対しては，「国防の根本は国民の富力と国民的教養とに存し必ずしも有形的軍備のみではないから経済上利益なりとすればウシを馬に代へる事決して差支無」[64]といった反論がなされていた。馬論が戦時に必要な軍馬資源の確保という狭義の国防を問題としていたのに対し，牛論は平時の国民生活まで

---

61) 地方庁レベルからも，中央（農林省）の改良馬政策に対する反発がみられた。例えば東北のある地方長官は，地方長官会議において「科学進歩の今日尚馬力に依頼するのは時代錯誤だ，強いて畜力を欲求せば牛を用ゆべし，馬は農家経済に合致せざるものだ」と主張したという（大島又彦，前掲論文，1927年，p. 5）。
62) この他に，馬における骨軟症，伝染性貧血症などの疫病のリスクが少ないという利点もあげられている。特に骨軟症は，稲藁を飼料とした平坦部使役地において当該期に多発しており，馬を飼養する上で深刻な問題となっていた。
63) 隻堂「農業畜力化の減退」『秋田県農会報』第210号，1929年11月，p. 3。
64) 宝丹外史「農用役畜と模範的犂耕法」『福島県農会報』第45号，1925年1月，p. 4。

を含んだ広義国防上の観点から正当性を主張したのであった。

　ただし牛論の中でも，以下のように大規模農家に関しては馬の優位性が認められていた点には注意が必要である。

　　　（農馬は）然し耕作面積は割合に狭いのに，飼養費が却々嵩むから段々持ち切れなくなり，中農で漸く一頭位，小農では止むを得ず家畜の飼養を廃せざるを得ざるに至つた……大農にあつては馬の方が有利であるか知らんが，中以下の小農にあつては，労働量は少いのに，飼育費は嵩むのみならず，価格から云つても償却金の関係から云つても馬より牛の方が有利であるとの結論になる[65]

　耕作面積が広く労働量の多い大規模農家に関しては，馬の利用を増進することによって使役収入の増加と雇用労賃の削減（特に耕起作業と中耕除草作業）が見込まれた。このため飼養費・購入費の高い馬（改良馬）であっても，その費用を埋め合わせることが可能とされていたのである。

　一方，耕作面積が狭く労働量の少ない小規模農家に関しては，牛の方が有利とされた。表4-3でみたように，小規模農家では改良馬を経済的に飼養することが困難であったためである。上記の大規模農家と対比させれば，馬利用を増進する余地が小さく，したがって使役収入の増加が見込まれなかった，といえよう。利用増進が可能という改良馬の利点が，小規模農家にとっては利点となり得なかったのである。

### 3）小規模農家の具体的対応

　以上にみたように，農馬部門の収支改善に関して，小規模農家は支出を削減するために小格馬を求めていき，また地方技師はより経済性に優れた牛へ

---

[65] 金本忠太「馬を牛に代へんとする人に」『秋田県農会報』第163号，1925年12月，pp. 29-33。

の転換を奨励していた。しかし結論を先にいえば，実際には小格馬や牛への転換はほとんど進まず，小規模農家は経済的に不利であると認識しつつも，改良馬の飼養を続けていくこととなった。その理由を以下にみたい。

　まず小格馬について。先述のような小格馬需要の高まりに関わらず，馬政計画第二期においても馬匹改良による農馬の大型化は依然として進行していった。同時期の地方馬馬体測定をみると，体高4尺5寸未満（1.36 m未満）の小格馬は減少し，同5尺以上（1.52 m以上）の改良馬が増加しているのである（前掲，表1-1）。この背景には，第2章でみた種牡馬制度による生産規制があった。種牡馬検査法とその附則では，体高4尺8寸（1.45 m）未満の種牡馬に種付資格が与えられなかった。この制約が当該期にも存続されていたため，小規模農家がどれだけ小格馬を求めても，その生産に適した小型種牡馬が供用できなかったのである（詳しくは第5章第2節）。

　また，牛への転換もほとんど進展しなかった。この時期には東北地方でも牛頭数が増加していたが[66]，馬頭数を脅かすまでには至っていない（前掲，表1-5）。この理由として，馬論・牛論を通じて明らかとなった東北地方における（改良馬・小格馬を問わない）馬の技術的優位性があげられる。1つは耕起作業である。積雪地帯の東北地方では，雪解けから短期間に田植えを終わらせる必要があった。この点で作業速度の早い馬の方が，牛よりも役畜として優位とされたのである[67]。もう1つは厩肥利用である。馬厩肥は醗酵して熱を発するため，冷害に強いという特性があった。牛厩肥にはそうした効用がなかったため，冷害の多発した東北地方では肥畜として馬の方が有利とされたのである[68]。馬・牛の選択に関して，東北地方では経済性よりも技術性に

---

66) 牛頭数の増加が多かったのは，東北地方の中でも南部に位置する宮城・福島・山形の3県であった。後述する馬の技術的優位性が相対的に低かったためと考えられる。
67) 「冷害地方の稲の植付は一日でも早きを尊び植付時期の作業能率は馬でなければならない事情も段々判明した」井上綱雄，前掲論文，p. 9.
68) 「馬の厩肥は其の性質上，腐敗が速で，醗酵し易い為に，従来熱肥料とも称せられまして，地温の低い水田とか，東北地方や北海道の如き，気候の比較的寒冷なる地方に

第4章　軍馬資源確保と農民的馬飼養の矛盾 | 161

よる制約の方が強かったといえよう。牛論者は，牛への転換が進まないことについて「農家の多くは依然として伝統的感情の上から馬のみに執着し，馬以外の役畜選択の自由意志を束縛せられたる結果」[69]と批判していたが，その「伝統」は上記のような技術性によってある程度裏付けられていたのである。

　以上のように小格馬の供給が制度的に閉ざされ，また牛への転換も技術的に困難であったことから，小規模農家は支出の削減による収支改善を断念せざるを得なかった。しかし収支の面で改良馬を飼養することが不利であるからといって，それを止めることもできなかった。農家経営全体としては馬から得られる労働力が経済的（雇用労賃の削減）にも技術的（深耕）にも必要であり，また厩肥を自給して肥料購入費を抑える必要もあったからである[70]。それらに加えて，東北地方では代掻き作業に馬が不可欠とする事情があったとされる[71]。稲作に関する馬利用のうち，代掻き（特に中代掻）は作業適期と作業所要日数の差が非常に小さかった（表4-6）。このため他の用途で馬の労働力に余剰が生じても，代掻きを作業適期内に終わらせるために田1.8町歩当たり1頭の馬が必要とされたのである。この時期の東北地方では馬飼養戸数が減少せず，むしろ増加傾向にあった（1922年27万2421戸から1935年27

　　　於て，特に其の効果が卓越して居ると云ふ事実であります。」佐々田伴久（農林技師）
　　　「農業経営と馬の利用」『馬の世界』第14巻第4号，1934年4月，p. 9。
69)　西村耕作（技師）「経済上より見たる農役用牛馬の得失」『秋田県農会報』第230号，
　　　1931年7月，p. 14。
70)　「近時農業経営の指導者の中に往々耕地反別二町歩以上の経営農家でなければ使役馬
　　　の飼養は損失を来たすと云ふ説をなす者がある。……用畜費が大であるからと云ふ
　　　ので直ちに損得を論ずるのは早計である。用畜費が仮令大であらうとも厩肥等の利用に
　　　依つて結局の農業収入が大であれば差支ないのである。」井上綱雄，前掲論文，p. 9。
71)　「役畜の使用価値は中代掻本代掻に於て最高を示し農家も中代掻本代掻を最も敏速に
　　　又適期に行はん為め之が東北地方に於ては挿秧期に影響し延いてはその収量に影響
　　　するからである。耕起，打返，荒代掻はその作業期間が比較的長き事と之等作業には
　　　役畜を雇傭する事も可能である。」川原仁左衛門（宮城県農会技師）「役畜と水稲作経
　　　営面積との適正比例」『畜産』第22巻第3号，1936年3月，p. 46。

表 4-6 馬 1 頭による稲作作業日数

① 馬 1 頭による最大作業可能面積

| 作業名 | 耕起 | 打返 | 荒代掻 | 中代掻 | 本代掻 | 肥料運搬 | 稲入 |
|---|---|---|---|---|---|---|---|
| a. 1 日作業行程（反歩 / 日） | 2.5 | 3.8 | 4.7 | 6.4 | 6.0 | 4.3 | 3.7 |
| b. 作業可能日数（日） | 11.4 | 6.8 | 5.0 | 2.8 | 3.8 | 11.2 | 7.8 |
| 最大作業可能面積：a×b（反歩） | 28.9 | 25.7 | 23.5 | 18.0 | 22.9 | 48.6 | 28.7 |

② 田 18 反歩に馬 1 頭を利用した場合

| 作業名 | 耕起 | 打返 | 荒代掻 | 中代掻 | 本代掻 | 肥料運搬 | 稲入 |
|---|---|---|---|---|---|---|---|
| c. 作業可能日数（日） | 11.4 | 6.8 | 5.0 | 2.8 | 3.8 | 11.2 | 7.8 |
| d. 所要日数：18 反歩 / a（日） | 7.1 | 4.7 | 3.8 | 2.8 | 3.0 | 4.2 | 4.9 |
| 余剰日数：c−d（日） | 4.3 | 2.0 | 1.2 | 0.0 | 0.8 | 7.1 | 2.9 |

出典：川原仁左衛門「役畜と水稲作経営面積との適正比例」『畜産』22 巻 3 号，1936 年 6 月。

万 7263 戸，東北 6 県）。このことは，上記の理由から小規模農家が現実に入手し得る馬，すなわち改良馬を飼養し続けていったことを示している[72]。

また改良馬を小規模農家に対して経済的に飼養させる方法として，共同飼育や賃貸借といった利用形態が奨励されていたが，どちらも十分な成果をあげていたとはいい難い。まず共同飼育に関しては，「家畜に対する愛着心がでないので，管理が無責任になる欠点」があったため，定着が難しかったとされる[73]。一方，賃貸借に関しては，比較的多くの事例が報告されている[74]。ただしその場合には，貸し手と借り手が平野部と山間部に分かれるなどして両者の馬利用時期が重ならないことが必要であり，広範に存在した小規模な

---

[72] 特に昭和恐慌（1929 年）及び東北冷害（1931 年）以降の時期には，現金支出（雇用労賃・肥料購入費）の削減を目的として農馬飼養戸の増加が進んだ。

[73] 岸良一（農林技師）「畜力の利用」『青森県農会報』第 189 号，1929 年 3 月，p. 18。なお日中戦争期以降には人馬ともに労働力が絶対的に不足したため，他の農作業の共同化に伴い馬の共同利用も行なわれるようになった。

[74] 例えば秋田県仁賀保町平沢地区では，農馬を所有しない農家が約 4 割を占めていたが，そのほぼ全戸が馬の借り入れを行なっていたという。立岩寿一「東北地方における農用馬 ── その 1　秋田県仁賀保町・湯沢市の事例を中心に」（日本中央競馬会『農村における人と馬とのかかわりあいに関する研究農用馬にかかわる歴史』1988 年，第 II 章）pp. 39–41。

馬飼養農家のすべてがそうした条件の借り手に恵まれたとは考えにくいのである[75]。

以上，小規模農家においては，飼養費・購入費の安い小格馬を飼養することによって，支出を削減するという収支改善法が望まれていた。それは，小規模農家が自らの経営規模では「改良馬の本能を発揮」出来ないと判断したことから生じたものであった。またこの時期に地方技師が奨励した牛への転換も，そうした支出削減の一環とみなすことが出来る。ただし小格馬には制度的制約が，牛には技術的制約があったため，農繁期の短さから役畜を不可欠とした東北地方の小規模農家は，経済的合理性を犠牲にしても改良馬を飼養し続けなければならなかった。

## 小括

以上の分析を，冒頭の課題にそくしてまとめると次のようになる。

まず第一の課題，陸軍および農林省畜産局が軍馬資源確保に関するジレンマ，すなわち馬匹改良という質的要求と馬頭数の維持という量的要求が両立し得ないことをどのように解消しようとしたのかについて。馬政計画第二期の陸軍は，軍縮によって軍馬資源（改良馬）の確保に十分な費用を割くことが不可能となった。一方，平時に軍馬資源を保管する馬飼養農家に対して改良馬の飼養を単に強制することには元々無理があった上，同時期に経営合理化への意識が高まったことがその困難を一層大きくした。こうした状況下において，馬政主管を陸軍から引き継いだ農林省畜産局が打ち出した馬政方針とは，軍馬資源となる改良馬の需要を民間に創出するというものであった。

---

75) 前掲の事例 13（表 4-2）では，副業運搬による収入 210 円に対して，賃貸による収入は僅か 20 円に留まっていた。このことは，時期的に自家利用と競合し得る賃貸から多くの収益を上げることが困難であったことを示すと考えられる。

軍需に対応した改良馬を経済的・技術的に飼養出来るように農馬需要のあり方を変え，そのことで馬頭数の減少を避けつつ，馬匹改良を進展させようとしたのである。これが馬政第二期計画綱領における「国防上及経済上ノ基礎ニ立脚」という表記に込められた意味であった。また同時にそれは，軍馬資源確保に関わる業務と責任を農林行政に押し付ける名目ともなった。

次に第二の課題，農馬部門における経営収支の改善という農民的要求が，上記のような軍馬資源確保という軍事的要請に影響されつつ，どのように実現を図られたのかについて。まず農林省畜産局および農林技師は，馬飼養農家に対して馬の利用を増進することを奨励した。軍用向け改良馬の飼養費・購入費と釣り合うように農馬の使役収入を増加させ，このことで収支改善要求を満たすと同時に，改良馬を農馬として飼養できる経済的・技術的条件を作り出そうとしたのである。ただし，改良馬の能力を十分に発揮するためには経営規模が大なることが必要であり，そうした方法によって収支を改善できたのは大規模農家に限られていた。この点から，馬利用の増進はごく一部の上層農家においてのみ「国防上及経済上ノ基礎ニ立脚」することを実現したに過ぎず，馬頭数の維持という軍の量的要求には対応出来なかったと考えられる。

一方，農馬飼養の大部分を占めた小規模農家は，飼養費・購入費の安い小格馬を飼養することによって支出を削減するという収支改善法を望んでいた。自らの経営規模では，改良馬の支出に釣り合うように利用を拡大することが困難と認識していたためである。また同時期に地方技師らが奨励した牛への転換も，役畜に関する費用を一層引き下げるという点で，支出削減による収支改善の一部とみなすことができる。ただしそうした経済的理由にもとづく改良馬から小格馬・牛への転換は，実際にはほとんど進展しなかった。前者は種牡馬制度によって供給が封じられ，また後者は寒冷地帯の東北地方における役畜として技術的問題があったためである。その結果，役畜を不可欠とする同地方の小規模農家は「経済上ノ基礎ニ立脚」しないまま，改良馬

を飼養し続けることを余儀なくされた。

　以上のことから，馬政計画第二期においても産馬業の主導権は依然として軍需の側にあり，またその軍馬資源確保に関する2つの要求（馬匹改良と頭数維持）も若干の揺らぎこそ示したものの，結果的に貫徹されていたといえるだろう。後の戦時における軍馬の大量動員は，この時期に多くの小規模農家が経済的犠牲となりながら軍馬資源を維持し続けたことによって実現されたのである。

第5章

# 軍馬需要の変化と東北馬産

―馬政計画第二期(1924-35年)の
馬産農家経営―

第 5 章　軍馬需要の変化と東北馬産　169

# はじめに

## 1）馬政計画第二期の東北馬産

　第 4 章では，軍縮下の馬政計画第二期（1924-35 年，大正 13-昭和 10）における軍馬資源確保が，馬の使役農家における経営収支の改善要求とどのように対峙しつつ行なわれたのかについて検討した。本章では，馬産農家を対象として同様の考察を行なう。馬産農家による生産馬の販路は，軍馬購買（平時部隊保管馬の補充）と，農馬を中心とした一般馬購買の 2 つに大きく分けられる。ただし程度の差こそあれ，馬産農家の多くは販売価格の高い前者を意識していたため[1]，各々に向けた生産を厳密に区分することは難しい。ここでは便宜上，軍馬購買を前提とした改良馬の生産を「軍馬生産」，そうではない低級馬の生産を「農馬生産」と呼ぶこととする（以下，括弧を省略）。当該期に経営収支の改善を図った馬産農家が，市況の変化に応じて上記 2 つのどちらを選択していったのかに，本章では焦点を当てたい。

　馬政計画第二期の軍馬資源政策とその問題点については前章で示したため，ここでは馬産農家にそくして簡単に整理するに留めたい。同時期の馬産部門に関しては，次の 2 点から馬産農家を軍馬生産に従事させることが困難になったと考えられる。1 つは，第一次世界大戦後の軍縮によって平時軍馬需要が減少したことである。その影響から陸軍の軍馬購買事業が大幅に縮小され（前掲，表 4-1），同事業のもつ軍馬生産への利益誘導効果が低下したのである。もう 1 つは，農家経営収支の改善・安定化に対する要求が高まった

---

1）「農馬ノ生産者ハ一般ニ軍馬ノ生産ヲ目論見ミ経営ヲナスノ状態ニシテ軍馬ニ不合格トナリタルモノ初テ之カ販路ヲ農馬ニ求ムルノ実情ナル」帝国馬匹協会『農馬経済調査成績書』1934 年，p. 200。

ことである。当該期には馬価格の低下によって,「馬産は破産なり」[2]といわれるほどに馬産経営収支が悪化した。このため陸軍と馬政当局は一定の経済的条件を整えなければ,馬産農家を軍馬生産はおろか馬産そのものに引き止められなくなったのである。

### 2) 本章の課題

上記のような馬政計画第二期の馬産について,東北地方を対象とした従来の畜産史研究・農業史研究の中からは,次のような論点や問題点を見出すことができる。

まずこれまでの畜産史研究では,上述の2点のうち平時軍馬需要の減少のみが強調され,それに対する馬産農家の具体的な経営対応について十分に検討されてこなかった。例えば岸英次は,当該期の青森県馬産について,軍縮や恐慌・冷害に影響されて「衰微」を基調としつつも,満洲事変(1931年)以降には軍民双方における馬需要の増加によって「一時再起」したと述べている[3]。しかしそうした変化が,馬産農家のいかなる経営選択の帰結であったのかについては言及されていないのである。

次に農業史研究の中では,同時期の馬産に関わる論点として次の2つがとり上げられている。1つは,1920年代(本章では軍縮から昭和恐慌前まで,1922-29年)における馬耕の普及との関わりである。序章でみたように,農馬利用と馬匹改良の間には経済面において対立関係が,技術面においては協調関係がそれぞれ存在したとされる。第4章では,実際に多くの使役農家(小規模農家)が前者の面を重視していたことを示したが,本章で扱う馬産農家

---

2) 栗山光雄「産馬界の現状を憂ふ(二)」『馬の世界』第4巻第5号,1924年5月,p. 21。
3) 岸英次「南部における馬産,及び馬産農家」(農業総合研究所積雪地方支所編『青森県農業の発展過程』農林省農業総合研究所 1954年,第6章) pp. 512-513。

の場合には状況がやや複雑である。繁殖兼役用に馬を飼養した馬産農家には，使役農家と同様に馬匹改良と対立関係にあった耕種部門と，軍馬購買を「最大の得意先」とする関係上それと協調関係にあった馬産部門の2つが内在したからである。こうした馬産農家における馬耕普及と馬匹改良の関係については，上記2部門を合わせた農家経営全体として検討する必要があるだろう。

もう1つは，1930年代（本章では昭和恐慌後から日中戦争まで，1930-37年）に農林省が行なった恐慌・冷害下の東北農村に対する救済施策との関わりである。特に1932年（昭和7）より開始された時局匡救事業には農家経営の合理化を推し進めた側面があり，馬産農家の経営収支改善とも関係していたと考えられる。同事業に関しては，一般的に救農土木事業が農村に対し労働賃金を撒布した「応急的対策」であったのに対し，経済更生計画（運動）は農村内の組織整備を基礎とした「恒久的対策」であったとされている[4]。しかし畜産に関する時局匡救事業を扱った先行研究は少なく[5]，特に東北地方における畜産の中心であった馬産に関する事業については全くとり上げられていない。

以上の点をふまえ，本章では馬政計画第二期の東北馬産における軍と農との対抗関係を，陸軍の軍馬購買事業や農林省の馬産救済施策といった政策レベルの動きと，馬産部門と耕種部門を合わせた馬産農家レベルの動きを対比させながら考察したい。具体的には，以下3つの課題を設定する。

第一の課題は，1920年代の平時軍馬需要の減少や馬価格の低下に際して，東北馬産農家がどのような経営対応をとったのかを明らかにすることである。特に同時期にみられた軍馬生産から農馬生産への転換，繁殖牝馬の農耕

---

4) 平賀明彦『戦前日本農業政策史の研究 1920-1945』日本経済評論社，2003年，pp. 157-158。
5) 宮坂悟朗「昭和農業恐慌と有畜農業奨励」（農林省畜産局編『畜産発達史』別篇，中央公論事業出版，1967年，第7章）など。それらの研究では，農家経営の多角化を主眼とした有畜農業の奨励（特に関東以南における中小家畜の導入）に対象が限定されている。

利用拡大といった試みに注目し，それらと軍縮による軍馬資源政策の変化との対応関係や，馬産部門あるいは農家経営全体における経営的意義について検討する。

　第二の課題は，1930年代の農村不況下の東北馬産経営に対して，農林省の馬産救済施策が与えた影響を明らかにすることである。馬産農家が農林省に対してどのような救済を求め，また実際に馬産に関していかなる救済施策が施されたのかを，馬産農家の経営収支改善という視点から整理する。それを通じて，農林省施策が同時期の東北馬産の「一時再起」に与えた影響に迫りたい。

　第三の課題は，同じく1930年代の東北馬産経営に対して，陸軍の軍馬購買事業が与えた影響を明らかにすることである。経済更生を図る馬産農家が同事業を通じて陸軍にどのような救済を求め，また実際に行なわれた事業がいかなる役割を果たしたのかについて検討する。特に東北馬産経営の中での軍馬需要の位置づけが，恐慌・冷害を境としてどのように変化したのかに注目したい。

　以上3点について，本章ではまず統計資料によって馬政計画第二期における東北馬産の変化を概観し（第1節），それをもとに1920年代に関する第一の課題（第2節），1930年代に関する第二の課題（第3節），同じく第三の課題（第4節）の順に検討する。

## 第1節　統計からみた馬政計画第二期の東北馬産

　馬政計画第二期の東北地方は，馬産地として衰退傾向にあった。1924-35年において，生産頭数が3万4547頭から3万1353頭に減少しており，また馬産地としての性格の強さを示す指標である生産頭数/総馬数，および牝馬頭数/総馬数の割合も，それぞれ9.0％から8.7％，68.5％から64.8％に低

下していたのである（前掲，表1-3，4）。本節では，東北地方の中でも馬産地の性格が強く，またそれゆえ軍馬需要との結びつきが強かった青森・岩手・秋田の3県（以下，東北馬産3県と表記）を対象として，上記の変化のより細かな部分について検討したい。

## 1) 国有種牡馬と民有種牡馬の比較

東北馬産3県の生産動向をより詳しくみるため，同地方の所有別種牡馬頭数とその種付頭数の変化をあげた（表5-1）。まず全体の種牡馬頭数をみると，1920年1340頭から26年1094頭へと大きく減少し，以降はほぼ横ばいとなっている。この種牡馬の減少が，生産頭数の減少につながったと考えられる。また所有別では，国有種牡馬（貸付種牡馬を含む）が増加したのに対し，民有種牡馬は大きく減少している。その理由として，種牡馬の購入・管理には一般使役馬より多くの費用がかかり，民間で所有することが経済的に困難であったことが指摘されている[6]。特に1920年代の減少には，馬価格が1920年をピークに低下し続けたこと（前掲，図1-1）が強く影響していた。民有種牡馬の多くを所有したのは畜産組合であったが，その財源となるセリ市場手数料が馬価格の低下によって減少したことで，種牡馬の購入と維持が一層困難となったのである。また1930年代の減少が比較的緩やかであったのは，同時期に種牡馬の購入・維持に対する助成が行なわれたためと思われる（第3節）。

一方，種付頭数については，前述の生産頭数と異なった傾向がみられる。生産頭数が一貫して減少傾向にあったのに対し，種付頭数は1920-26年に減少したものの，1930-35年には増加に転じているのである。両者が反対の

---

[6] 1年間当たりの種牡馬飼養収支は，種馬生産級−14.0円・軍馬生産級−22.6円・使役馬生産級−28.7円と，いずれも赤字であったとされる（『秋田県産馬調査報告書』，p. 212，出版年は不明であるが記述内容から1920年頃のものと推測される）。

**表 5-1** 所有別種牡馬頭数とその種付頭数（青森・岩手・秋田）

| 区 分 | | 1920 年 | 1926 年 | 1930 年 | 1935 年 |
|---|---|---|---|---|---|
| 種牡馬<br>頭数 | 国有種牡馬 | 254 | 283 | 288 | 313 |
| | 貸付種牡馬 | 17 | 46 | 60 | 122 |
| | 民有種牡馬 | 1,069 | 765 | 711 | 659 |
| | 計 | 1,340 | 1,094 | 1,059 | 1,094 |
| 種付<br>頭数 | 国有種牡馬 | 12,509 | 13,123 | 14,141 | 17,059 |
| | 貸付種牡馬 | 609 | 1,435 | 2,075 | 5,186 |
| | 民有種牡馬 | 34,858 | 30,216 | 28,122 | 24,391 |
| | 計 | 47,976 | 44,774 | 44,338 | 46,636 |
| 1 頭平均<br>種付頭数 | 国有種牡馬 | 49.2 | 46.4 | 49.1 | 54.5 |
| | 貸付種牡馬 | 35.8 | 31.2 | 34.6 | 42.5 |
| | 民有種牡馬 | 32.6 | 39.5 | 39.6 | 37.0 |
| | 計 | 35.8 | 40.9 | 41.9 | 42.6 |

注：貸付種牡馬とは，馬匹貸下内規（1906 年），種牡馬貸付規則（1925 年）にもとづいて民間に貸下げられた国有種牡馬のこと。
出典：『馬政局統計書』第 8 次，『馬政統計』第 1，5，10 次より作成。

傾向を示した 1930 年代には，馬産農家の生産意欲が高まって種付頭数が増加したものの，飼養管理の悪化や伝染性流産の流行によって，それが生産頭数の増加に結びつかなかったものと考えられる。次に種牡馬 1 頭当たりの種付頭数では，所有別による増減の違いに注目される。1920-26 年には国有種牡馬で減少，民有種牡馬で増加していたのに対し，1930-35 年にはその反対となっているのである。このことは，1920 年代には民有種牡馬が，1930 年代には国有種牡馬がそれぞれ相対的に人気を集めていたことを表わしている。

## 2) 2 歳駒セリ市場の景況

次に生産馬の取引状況について，青森県と岩手県の 2 歳駒セリ市場における取引頭数・平均価格をあげた（表 5-2）。軍馬購買には定期セリ市場における幼駒購買（2 歳）と陸軍が臨時に開催した壮馬購買（5 歳以上）の 2 種類があったが，同表における軍馬購買は前者を指している。

**表 5-2** 2 歳駒セリ市場における取引頭数・平均価格

①青森県（牡馬・牝馬）

| 年次 | | 1920 年 | 1924 年 | 1928 年 | 1932 年 | 1935 年 |
|---|---|---|---|---|---|---|
| a. 市場全体 | 取引頭数 | 7,010 | 6,396 | 6,796 | 6,140 | 5,082 |
| | 平均価格 | 206.9 | 204.0 | 185.7 | 108.0 | 159.1 |
| b. 軍馬購買 | 購買頭数 | 509 | 449 | 431 | 437 | 472 |
| | 平均価格 | 347.8 | 324.7 | 356.1 | 261.8 | 308.1 |
| b/a | 頭数 | 7.3% | 7.0% | 6.3% | 7.1% | 9.3% |
| | 平均価格 | 1.7 | 1.6 | 1.9 | 2.4 | 1.9 |

②岩手県（牡馬のみ）

| 年次 | | 1920 年 | 1924 年 | 1928 年 | 1932 年 | 1935 年 |
|---|---|---|---|---|---|---|
| a. 市場全体 | 取引頭数 | 4,656 | 4,746 | 5,083 | 5,046 | 4,005 |
| | 平均価格 | 226 | 205 | 156 | 87.4 | 143 |
| b. 軍馬購買 | 購買頭数 | 612 | 603 | 383 | 328 | 402 |
| | 平均価格 | 339.9 | 328.5 | 322.1 | 240.5 | 252.8 |
| b/a | 頭数 | 13.1% | 12.7% | 7.5% | 6.5% | 10.0% |
| | 平均価格 | 1.5 | 1.6 | 2.1 | 2.8 | 1.8 |

注：単位は頭（取引頭数），円（平均価格）。
出典：①は青森県産馬組合連合会『青森県産馬要覧』1936 年，pp. 45-46，②は岩手県内務部『畜産要覧』1924 年，pp. 43-46，岩手県産馬畜産組合連合会『岩手県の産馬』1937 年，pp. 15-19 より作成。

　まず市場全体の取引頭数をみると，青森・岩手ともに生産頭数の増減（表1-3）に概ね呼応している。また平均価格は，1920-28 年に緩やかに低下した後，恐慌期の 1932 年に急落し，1935 年には若干の回復をみせている。こうした価格低下の原因として，1920 年代については軍馬購買事業の縮小，軍縮による不要軍馬の廉価払い下げ，戦後恐慌による物価下落など，1930 年代については恐慌・冷害による農家購買力の低下，凶作地における幼駒・繁殖牝馬の投売多発などがあげられる。

　次に軍馬購買についてみると，軍縮（1922-25 年）の影響から購買頭数は 1928 年前後で大きく落ち込んでいる。軍縮期の軍馬購買では乗馬が優先されたため（第 4 章第 1 節），その傾向は乗馬生産地であった青森県よりも輓馬生産地であった岩手県において強く表われている。1935 年には満州事変以降の軍馬需要を受けて若干増加しているものの，軍縮以前の水準には復活し

ていない。また軍馬購買価格は市場全体の平均価格に応じて定められていたとされるが、それよりも変化の幅は小さく収まっている。

　以上の変化が組み合わさることで、市場全体に対する軍馬購買の優位性（b/a）も上下していった。まず頭数における軍馬購買/市場全体の割合[7]は、1920年の青森7.3％・岩手13.1％（牡馬のみ）から、軍縮後の28年には青森6.3％・岩手7.5％へ低下し、満洲事変後の1935年には青森9.3％・岩手10.0％へ再び上昇した。また平均価格における軍馬購買/市場全体の倍率は、軍縮前（1920）年の青森1.7倍・岩手1.5倍から軍縮中もほとんど低下せず、一方で市場全体の平均価格が暴落した1932年には青森2.4倍・岩手2.8倍に大きく上昇したのである。

　以上、統計資料の分析を通じて、馬政計画第二期の東北馬産衰退に関する次の諸点が確認された。第一に、生産頭数が減少した背景として、1920年代を中心とした民有種牡馬頭数の減少があった。第二に、種付に関しては、1920年代には民有種牡馬、1930年代には国有種牡馬がそれぞれ人気を集めていた。第三に、そうした生産動向を規定したと思われる市場の変化として、2歳駒セリ市場における全体平均価格の低下（特に恐慌期）、及び軍馬購買頭数の1920年代の減少と1930年代の部分的回復があった。第三の変化をもとに馬産農家がどのような経営方針を選択した結果、第二のような生産動向がもたらされたのかについて、次節以降で検討する。

---

7)　この比率は県全体のものであり、軍馬生産の盛んな地域では更に高かった。例えば青森県三本木セリ市場では、軍縮中の1925年であっても牡馬全体の21.0％が軍馬購買されていた（青森県産馬畜産組合連合会『大正十四年畜産統計』、p. 16）。

表 5-3　馬匹連年繁殖収支計算（秋田県）

| 区　分 | 支出 | | | | | | | | |
|---|---|---|---|---|---|---|---|---|---|
| | 馬頭税 | 放牧料 | 飼料費 | 母馬償却費 | 衛生費 | 取扱人夫賃 | 驢場入場料 | 仕法金 | 種付料 |
| 乙（軍馬級） | 2.0 | 4.5 | 224.1 | 34.7 | 4.2 | 6.0 | 0.1 | 17.5 | 8.0 |
| 丙（使役馬級） | 2.0 | 4.5 | 193.7 | 22.8 | 4.2 | 3.0 | 0.1 | 11.7 | 5.0 |

| 区　分 | 支出（続） | | | 計① | 収入 | | | 計② | 純益②−① |
|---|---|---|---|---|---|---|---|---|---|
| | 種付諸費 | 削蹄料 | 手入具器具費 | | 仔馬売払代 | 母馬労銀 | 厩肥代 | | |
| 乙（軍馬級） | 2.0 | 2.8 | 3.0 | 308.9 | 175.0 | 112.5 | 89.3 | 379.8 | 71.0 |
| 丙（使役馬級） | 1.0 | 2.0 | 3.0 | 253.8 | 116.7 | 112.5 | 76.5 | 308.7 | 54.9 |

注：乙は「同級相当と認むる牝馬をふくむ種付の当初より軍馬級の仔馬を取る目的にて飼養育成するもの」，丙は「同級相当と認むる牝馬を含む普通農家の副業として特別の取扱を為さざるもの」。12年分の収支を1年分に換算（仔馬は7頭生産），計算の合わない部分は原典のままとした。仔馬売払代は乙300円，丙200円の7/12頭分。
出典：『秋田県産馬調査書』pp. 208-209 より作成。

## 第 2 節　1920 年代馬産農家経営の変化

### 1）軍馬生産から農馬生産への転換

　前節でみたように，1920 年代には 2 歳駒セリ市場の平均価格が低下し，またその中では高価格帯にあった軍馬の購買頭数が減少した。その結果，同時期の馬産農家は，販路が狭まっても売却価格の高い軍馬生産を続けるか，あるいは販路は広くても売却価格の低下した農馬生産に転換するか，の選択を迫られることとなった。またこの時期には，軍馬と農馬で求められる馬の違いが拡大し，そのことが上記の選択を一層，二者択一的なものとした。軍馬として求められたのが体高 1.50 m 前後の改良馬であったのに対し，この時期には購入費・維持費の低い農馬として体高 1.20 m 前後の小格馬が求められるようになったからである（第 4 章）。

　結論を先にいえば，1920 年代の東北馬産農家は軍馬生産よりも，農馬生

産の方を望むようになった。その理由を，1920年（大正9）前後の秋田県で行なわれた「馬匹連年繁殖収支計算」（表5-3）を用いて以下に考察したい。同調査は繁殖牝馬の利用年数を12年，その間の連年種付（受胎率6割）によって得られる生産頭数を7頭，またその仔馬売払代を軍馬300円，農馬200円とした概算調査であり，表5-3ではこれを1年当たりに換算した。

まず支出に関しては，軍馬生産（乙）308.9円の方が農馬生産（丙）253.8円より55.1円多くなっている[8]。その差額の多くは飼料費と母馬償却費から生じており，軍馬生産には農馬生産より多くの濃厚飼料（購入飼料）や優等な繁殖牝馬が必要であったことが示されている。収入に関しても，軍馬生産379.8円の方が農馬生産308.7円より71.1円多く，その差は主に仔馬売払代によるものであった。全体として軍馬生産は高収入・高支出型，農馬生産は低収入・低支出型であったといえよう。両者を合わせた純益は，軍馬生産71.0円の方が農馬生産54.9円よりも16.1円多いとされた。

ただしこの結果をもって，軍馬生産が農馬生産よりも有利であったと結論づけることは出来ない。この収支計算では軍馬生産による仔馬のすべてが軍馬購買されたことになっているが，実際のセリ市場全体に占める軍馬購買の割合は10％前後に過ぎなかった。すなわち軍馬生産を行なっても，軍馬購買されずに農馬として安値で売却せざるを得なくなるリスクが存在したのだが，上記の計算にはそのリスクが反映されていないのである。どの程度の馬産農家が軍馬生産を行なっていたのかは不明であるが，一般に軍馬購買が多い地方[9]では馬産農家のほとんどが軍馬生産に従事していたとされ，上記のリスクに晒された馬産農家の数は実際の軍馬購買頭数以上に多かったと考えられる。

---

[8] ただし，この支出には馬の飼養に関わる自家労賃支出が計上されておらず，それを含めた場合の純益は極めて少なかったと考えられる。

[9] 東北馬産3県の中でも特に軍馬購買の多かった地方として，青森県の三本木・八戸・五戸，岩手県の沼宮内・盛岡・上閉伊郡，秋田県の角館・矢嶋などがあげられる。

第 5 章　軍馬需要の変化と東北馬産　179

　特に 1920 年代には，上記の軍馬生産のリスクが次の 2 点から拡大した。第一に，軍縮によって軍馬購買頭数が減少したことで，軍馬購買を受けられない可能性が以前より高くなった。第二に，一般馬価格が低下したことで，軍馬購買から外れた場合の収入（農馬としての仔馬売払代）が減少した。表 5-3 の計算では，軍馬生産の仔馬売払代を農馬生産のそれに置き換えても純益 12.6 円と一応黒字であったが，後者が低下した同調査以降の時期には赤字に転じたと考えられる[10]。こうして軍馬生産のリスクが高まったことを受け，馬産農家は次のように販路の安定した農馬（小格馬）生産への転換を図ったのであった。

　　　駒市場に於て縣内外の馬商に歓迎されてゐる体格は例へは重種系のものだつたら……体尺が四尺二三寸からせいぜい四寸位までのもの（秋季に於て）又中間種系のものでも矢張二，三寸で五才になつて四尺八，九寸か五尺位になる見込のものは最も喜んで買ふから何時でも値段が高いので馬主が事の意外なのに狂喜する……買手も売手も相当得な而も売りはぐれの無い引き緊つた手頃の四尺二，三寸程度のものは我国の農業から云つて一番適当だなと思った，そして重大なもの，体尺の高いものはどしどし淘汰する方法を講せねばならぬと思つた[11]

　上記文中にみられるように，この時期に農馬として求められていたのは，購入費・飼養費の安い小格馬であった（第 4 章）。しかし馬産農家は，そうした小格馬を実際に生産することが出来なかった。第 2 章でみた種牡馬制度が維持されていたことで，以下のように小格馬の生産に適した種牡馬を確保出来なかったからである。第一に，国有種牡馬として供給されていたのは軍馬

---

10) 1928 年における秋田県 2 歳馬の平均価格は 130.6 円であった。これに 7/12 を乗じた 76.2 円に，表 5-3 における乙の仔馬売却代を置き換えると，その収支は $-27.9$ 円と負になる。
11) 丁子生「駒市場を通して見たる販売拡張策問題」『秋田の畜産』第 27 号，1924 年 11 月，p. 6。

生産に適した大型種牡馬であり（前掲，表4-4），その種付には優等な（改良が進んで大型な）牝馬が優先されていた。またどの種牡馬を種付けするかの決定権は種馬所長にあり，馬産農家はそれを指定出来なかった[12]。これらのため，国有種牡馬によって農馬（小格馬）を生産することは不可能だったのである。第二に，民有種牡馬の検査では合格基準として体高4尺8寸（1.45 m）以上であることが課されていたため[13]，農馬生産にはこの範囲でなるべく小型の種牡馬を用いるしかなかった。また先述のように，民間で種牡馬を購入・維持すること自体が経済的に困難であった。こうしたことから，民有種牡馬によって農馬生産を行なうことも難しかったのである。

　1920年代において民有種牡馬頭数が減少する一方，その1頭当たりの種付頭数が増加していたことは（前掲，表5-1），上記の制約下において馬産農家が出来るだけ農馬生産に適した種牡馬を求めていた様子を表わしている。また同時期に生産頭数と種付頭数が減少したことは，そのような制約を嫌って繁殖を行なわなくなった馬産農家が少なからず存在したことを示している。

### 2）繁殖牝馬の農耕利用拡大

　上記のように1920年代の馬産農家は，従来の軍馬生産から農馬生産への転換を図ったものの，生産手段（種牡馬）の制約によって，それを思うように進めることが出来なかった。ここで注目されるのは，同時期にみられた繁殖牝馬の農耕利用拡大との関わりである。

　第4章では同時期の馬使役地において馬耕の普及が進展したことを指摘し

---

12) このため一部の馬産農家では，「種馬所の種馬が五尺三四寸と云ふゎら物が多く，余り大き過ぎて合格しても種付せぬ」という対応がみられた（畠山雄三「秋田の馬産」『馬の世界』第4巻9号，1924年9月，p. 31）。
13) 1906年「種牡馬検査事務取締手続」第7条（帝国競馬協会編『日本馬政史』第4巻，1928年，p. 302）。

たが，それは馬産地においても同様であった。1920-30年の東北馬産3県でも，田における牛馬耕施行率が20％程度上昇しているのである（前掲，表1-6）。その背景には耕地整理の進展や近代短床犂の普及などがあったが，殊に馬に関しては，先述のような馬産部門の不振が大きく影響していた。従来，東北地方の馬産地では，春季に馬の出産・種付と時期が重なることが馬耕普及の桎梏となっていた。妊娠馬を使役すると流産するという俗説が根強かったことに加え，種付を行なうには一刻を争う農繁期に人手と馬を割く必要があったためである[14]。以下の文中にみられるように，1920年代には馬産部門の不振によって上記の制約が取り除かれ，それが更なる馬耕の普及に繋がったのであった。

> 妊畜や仔つき馬では，どうも馬耕には不向きである，と云つて……蕃殖兼役用から役用専門となつて来た，尤もそうなるには蕃殖育成して二才駒として販売することは経済的に引き合はないと云ふことも，大なる関係をなした事は云ふまでもない。それであるから稲作を主とする農家には，牝馬に交配させなかつたり，牡馬の去勢したものが，農用として好まるゝに至つた（傍点は引用者）[15]

　第2章では，馬政計画第一期に先進馬産地の青森県において，零細馬産農家が使役農家に転じていったことをみた。本章の対象である同計画第二期には，同様の転換が東北地方の馬産地全体で進行していったのである。ただし，

---

14) 特に種付所の数が限られていた国有種牡馬の場合に，そうした制約が強かったとされる。「私の松尾村（岩手県岩手郡，引用者注）では平舘の種付所までは一里ありますが朝夕に忙しいので，其処まで種付に行くには容易なことではないのです。実際農村の忙しいときでありますと，人を頼んで働いてゐるのでありますから，さかりのついた発情期にかけなければいけないものを，こちらや種付所の都合で一ヶ月も二十日も放つて置かなければなりません。それには随分悩まされます。」帝国馬匹協会『東北地方馬事座談会記事』1935年，pp. 87-88。

15) 金本忠太「馬を牛に代へんとする人に」『秋田県農会報』第163号，1925年12月，p. 29。

前者は軍馬生産を望んだ馬産農家が種牡馬制度によってそれから締め出されたためであったのに対し、後者は上述のように馬産農家が自らの意志で軍馬生産を拒んだためであったという違いに注意する必要がある。

また上記の引用文中にみられる役繁兼用の牝馬から役用専用の騸馬（去勢馬）への切り替えを統計上で確認すると、総馬数に占める牝馬の割合は1920年青森77％・岩手69％・秋田77％から、1930年青森70％・岩手67％・秋田70％へと確かに低下している。ただし、その割合が依然として7割前後と高い水準に留まっている点にも注意したい。馬産農家は軍馬生産を行なうリスクの高まりや農馬生産に適した種牡馬の不足に対する当面の策として馬産を中止したものの、それらの条件が好転すれば直ちに再開出来るように、繁殖牝馬を手放さなかったのである。この点で、1920年代における繁殖牝馬の農耕利用拡大は、馬産農家から使役農家への完全な移行を示すのではなく、農家経営内における一時的な馬の配置転換に留まっていたといえる。

農林技師や県技師、農会技師といった指導者層は、こうした繁殖牝馬の農耕利用拡大を使役収入（馬の労働に対する現金評価額）の増加と見なし、馬産経営収支を改善するものとして高く評価した[16]。ただし馬産農家が繁殖利用の低下と引き換えに農耕利用を拡大したのに対し、指導者層の狙いは両者を同時に行なわせ、後者による見かけ上の収入増加によって軍馬生産のリスクを相殺させることにあった。農政サイドは、馬産農家・使役農家の双方が望んだ農馬生産を制度的に封じる一方で、それに対する政策的補償を行なわず[17]、ただ現金収入に直結しない馬の労働に経済的評価を与えることによって[18]、「馬産は破産なり」という認識を改めさせようとしたのである。

---

16) 例えば、栗山光雄「産馬界の現状を憂ふ（三）」『馬の世界』第4巻第6号、1924年6月、pp. 13-16 など。
17) 役馬の利用増進に対する奨励金の交付が開始されたのは、役馬奨励規則（1929年6月23日農令第13号）の制定以降のことである。
18) もちろん耕種部門における馬の労働は、生産物の販売収入を通じて間接的に現金収入の増加をもたらしたはずである。しかしその効果をどのように見積もるのかという問

第5章 軍馬需要の変化と東北馬産

写真5-1 『畜産事業救済方請願』
1932年1月6日付，全9枚（写真は1枚目）。岩手県産馬畜産組合連合会副会長2名（代表者），及び同県内の産馬畜産組合長14名，産牛畜産組合長1名の計17名の連名による。恐慌と冷害による農村不況に対して「自治的ニ解決スルコト到底至難ナル実状」が訴えられている。
出典：著者所蔵。

　以上，1920年代の馬産農家は，第一に従来の軍馬生産から農馬生産に転換することで，経営収支を安定化しようと試みた。それは軍馬購買頭数の減少と一般馬価格の低下により，軍馬購買を受けられない可能性とその場合に収入が減少するリスクが上昇したためであった。そうした条件下では軍馬購買による利益誘導効果が低下し，馬産農家を軍馬生産に引き止められなかったのである。しかし農馬生産への転換は種牡馬制度の制約から十分に進まず，馬産農家の中には生産を見合わせるものが続出した。第二に，そうした生産を中止した農家は，代わりに（元）繁殖牝馬の農耕利用を拡大していった。

　　題は，極めて難しい。

繁殖利用の減少分を農耕利用の増加分で補うことによって，馬の利用が極度に低下することを防いだのである。

## 第3節　1930年代馬産農家経営と農林省の馬産救済施策

　前節でみたように，1920年代の東北馬産農家は軍馬生産から農馬生産への転換，あるいは繁殖牝馬の農耕利用拡大という方法で経営収支の改善を図っていた。しかしそうした動きは，1930年代に入ると一変する。昭和恐慌（1929年，昭和4）と東北冷害（1931年，34年）の大打撃を受けた東北馬産農家は，経済更生の手段として馬産，特に軍馬生産を再び選択したのである。この点について本節と次節では，岩手県畜産組合連合会が1932年（昭和7）1月6日付で提出した『畜産事業救済方請願』（写真5-1，表5-4，以下『請願』と略す）をもとに考察する。具体的には，第一に恐慌と冷害によって東北馬産農家がどのような経営危機に陥り，また農林省や陸軍に対していかなる救済を求めたのか，第二にそうした馬産農家の要求に対して，農林省の馬産救済施策と陸軍の軍馬購買事業がどのような役割を果たし，また限界性をもっていたのかについて検討したい。

### 1）農林省に対する請願

　農林省に対する要求は，『請願』の先頭に記され，また全27条のうち18条を占めていた。このことから『請願』の主たる対象は，同省であったと考えられる。同省に対する18条から馬以外に関する4条[19]を除いた14条を大

---

19)「一五，種付牛購入設置補助金下付ノ件」，「一六，乳牛卵共同処理奨励金下付ノ件」，「一七，種畜払下ノ便宜ヲ与ヘラレ度コト」，「一八，馬ニ於ケル同様優等牛奨励金交付ノ途ヲ講セラレタキコト」の4条。

別すると，①種牡馬に関する事項（二，三，四，五，九，一四），②牧野に関する事項（六，七），③保護奨励に関する事項（一，八，一二，一三），④衛生に関する事項（一〇，一一）となる。

このうち第1条「牛馬ノ維持創設並共同施設事業資金ヲ特急融通ノ運ヲ購セラレタキコト」については，「農山村ノ現状極度ニ疲弊困憊ノ場合牛馬ヲ負債ノ担保ニ供シ又ハ売放チノ傾向著シ」いことに対する「応急策」と説明されており，恐慌・冷害期に特有の問題であったと考えられる（大蔵省宛てにも同一項目あり）。これに対し，他の13条については，いずれも1920年代の北海道東北六県産馬会会議や帝国馬匹協会定時総会などの提出議案の中に同様のものを見出すことができる（表5-4右欄）。したがってそれらは，1920年代より既に存在した問題が恐慌・冷害を契機として一層激化したものと捉えられる。以下に各事項の内容を，馬産農家の経営収支改善という視点から整理したい。

①種牡馬に関する事項は，国有種牡馬についてその頭数の充実（四，九）と種付料の減額（二），種付所[20]経費の補助（一四）を，民有種牡馬についてその維持（三）と設置（五）に対する補助[21]の拡大をそれぞれ求めたものであった。いずれも生産費（種付に関わる経費）の一部負担を国に要求したものといえよう。

②牧野に関する事項は，馬産供用限定地制度（1916年，第2章第4節2））による国有林野貸付の料金全免（六）と，牧野改良奨励規則（1932年，後述）による牧野改良に対する奨励金の増額（七）の2つであった。①と同様，生産費（飼養に関わる経費）の一部負担を国に求めたものと捉えられる。

③保護奨励に関する事項は，各種奨励金の増額と範囲拡大（八，一三），生

---

20）種付所とは，繁殖期に各地へ派遣された種牡馬を繋養する施設のこと。ここでは特に貸付用国有種牡馬のものを指す。
21）第3条は種牡馬飼養奨励規則，第5条は種牡牛馬設置奨励規則による補助の拡大をそれぞれ求めたものと思われる（両規則については後述）。

## 表 5-4 「畜産事業救済方請願」における請願項目

① 農林省に対する請願項目

| 「畜産事業救済方請願」における請願項目 | 会議名 | 1920年代の各会議における提出議案 提出議案（提出地方） |
|---|---|---|
| 一、牛馬ノ維持創設並共同施設事業資金ヲ特急融通ノ途ヲ講ゼラレタキコト | 該当なし | 該当なし |
| 二、国有種牡馬種付料ヲ相当減額ゼラレタキコト | 第2回帝馬総会（1928年） | 国有種牡馬定数増加及種付料免除に関する件（宮城） |
| 三、種牡馬飼養奨励費ヲ増額セラレタキコト | 第19回東北六県（1924年） | 民有種牡馬管理費に対し大正十四年度より相当補助金を交付せられんことを共筋へ建議の件（宮城） |
| 四、国有種牡馬配ヲ特急実施セラレタキコト | 第21回東北六県（1926年） | 国有種牡馬充実に付願の件（青森） |
| 五、種牡馬設置奨励金ノ継続並補助額ヲ増額セラレタキコト | 種畜場会議（1927年） | 種牡馬設置奨励規則の適用範囲を拡大せられたき事（*） |
| 六、国有反、放牧草地ノ貸付料ヲ向フ三ヶ年間免除セラレタキコト | 第21回東北六県（1926年） | 国有反御料牧野中馬産供用地積を拡張し併せて使用料金を一層低減せらる、か或は無料提供せらる、こと（福島） |
| 七、牧野改良奨励金ノ交付ヘ本調沢にセラレタキコト | 種畜場会議（1926年） | 馬産に供用する牧野改良奨励金の範囲を拡大せられん事を望む（岩手） |
| 八、生産馬利用奨励費ヲ特ニ増額セラレタキコト | 第17回東北六県（1922年） | 政府に於ては北海道、東北、九州等本邦枢要産馬地に対し特殊の奨励保護せられんとき事（*） |
| 九、国有種牡馬貸付頭数ヲ増加セラレタキコト | 種畜場長会議（1927年） | 委託貸付種牡馬の数を増加して目飼養費を補助せられたき事（岩手） |
| 一〇、伝染性貧血症予防専任技術員ノ補助全額支給セラレタキコト | 種馬所長会議（1926年） | 産馬畜産組合専属獣医生技術員設置補助に関する件（青森） |
| 一一、伝染性貧血症殺処分手当評価額ヲ二分ノ一ニ増額セラレタキコト | 第22回東北六県（1927年） | 伝染性貧血症に罹りたる馬匹を殺処分したる場合国庫より相当手当金を支付せられ、様共筋へ請願の件（青森） |
| 一二、繋駕系馬利用ニ対シ保護方策ヲ講ゼラレタキコト | 第1回帝馬総会（1927年） | 中間産馬系馬匹保護奨励に関し共筋へ建議の件（不明） |
| 一三、優等馬奨励金交付範囲ヲ拡張し共ニ奨励金ノ増額ヲセラレタキコト | 第20回東北六県（1925年） | 産馬共進賞金の増額方請願の件（青森） |

第 5 章　軍馬需要の変化と東北馬産

一四、国有種付所所要ノ経費ハ全部国費ノ負担トセラレタキコト

国有種牡馬種付所ニ要スル経費ハ全部国庫ヨリ支弁せラル、様農林大臣へ建議スルノ件（福島）

種畜場会議＝帝国馬匹協会定時総会．種馬所長会議．地方畜産主任官及種畜場長会議．種馬所長会議＝種馬牧場長種馬育成所種馬所長会議．※は「本邦に於ける馬ノ頭数ノ維持増加を図る為最も有効適切と認むる方策如何」に対する答申事項。第12条の「繁殖馬は「軽輓馬」の誤植と思われる。

注：会議の略称は．東北六県＝北海道東北六県産馬会議．帝馬総会＝帝国馬匹協会定時総会．種畜場会議＝帝国馬匹協会定時総会．種馬所長会議．地方畜産主任官及種畜場長会議．種馬所長会議＝種馬牧場長種馬育成所種馬所長会議．※は「本邦に於ける馬ノ頭数ノ維持増加を図る為最も有効適切と認むる方策如何」に対する答申事項。第12条の「繁殖馬は「軽輓馬」の誤植と思われる。

②農林省以外に対する請願項目

| 宛　先 | 項　目 |
|---|---|
| 陸軍省 | 一、軍馬購買頭数ヲ増加セラレタキコト<br>二、軍馬購買期日ヲ繰上ゲラレタキコト |
| 大蔵省 | 一、牛馬ノ維持創設並共同施設事業資金ノ特急融通ノ運セラレタキコト |
| 運輸省 | 一、牛馬輸送運賃ヲ当分特ニ軽減セラレタキコト |
| 帝国馬匹協会 | 一、貴会各種助成ノ特ニ御高配ヲ仰キタイコト<br>二、政府並共ノ他ニ請願セル別紙各事項ニ付実現方特ニ御協力御援助相成タシ |
| 帝国競馬協会 | 一、競走用速歩馬ノ購買増加方策ヲ講セラレタキコト<br>二、馬産改良費ノ助成ニ特ニ御高配アリタキコト<br>三、政府共ノ他ニ請願セル各事項ニ付実現方特ニ御協力御援助相成タシ |

注：宛先は内容から筆者が判断した。大蔵省宛の文中の「運」は「融」の誤植と思われる。

産馬の販路拡張（一二）の2つであった。前者は従来，上層馬産経営に偏っていた奨励金の交付範囲について（補章参照），その拡大を望んだものであった。馬産収入を増加させる方法として，国からの奨励金に期待したのである。後者は岩手県馬産の中心であった軽輓馬の販路を拡張するため，農林省から競走馬産業に「競争用速歩馬ノ購買増加」の働きかけを要求したものであった（帝国競馬協会宛の第一条参照）。軍馬と農馬の中間価格帯の需要を創出し，軍馬購買から外れた場合のリスクを軽減することを要求したのである。

④衛生に関する事項は，戦前における馬の代表的疫病であった伝染性貧血症（伝貧）に関する2点であった。まず伝貧専任技術員の設置（一〇）では，伝貧予防に関する経費を畜産組合に代わって国が負担することが求められた。また伝貧殺処分馬に対する補償金引き上げ（一一）では，それまで殺処分馬の評価額 1/4 以内とされていた補償金[22]を同 1/2 以内に引き上げることが求められた。どちらも伝貧により所有馬を失うという，馬産に関わるリスクの軽減を請願したものと見なされる。

以上のように，農林省に対する請願は，助成金の投下による生産費の一部負担と，馬産に伴う様々なリスクの緩和に主眼が置かれていた。それらは1920年代における経営収支改善要求が，恐慌・冷害という外部条件によって深刻化したものと捉えられる。

## 2）農林省の馬産救済施策

上記のような請願が各地より寄せられたことを受けて，農林省は馬産に関する様々な救済施策を実行していった。その内容は先行研究の中で全く言及されていないため，以下に紹介を兼ねつつ概要を示したい。注目すべきは，それらの施策が「馬政計画ニ依ル馬ノ要数ヲ維持シ之ガ改良増殖ヲ図ルハ国

---

[22]「馬の伝染性貧血に罹りたる馬の殺処分に関する法律」（1929年3月26日法律第9号）。

防並ニ産業上喫緊ノ要務」[23]として行なわれたことである。東北馬産農家の救済という「産業」的要請のみでなく，軍馬資源の維持という「国防」的要請があってこそ，他の畜産以上に手厚い保護が施されたのであった。また第63回臨時議会（1932年8月22日-9月5日，いわゆる救農議会）において可決された時局匡救事業の中では，馬産に関する2つの事業に予算が計上された[24]。農村経済更生計画（運動）内の「農山漁村経済更生に関する従属的施設」における「種牡馬設置其他馬事」34万円と，救農土木事業における「牧野改良事業」149万円である。特に前者は他の畜産から独立して設置されたもので，これも上記のような馬産の特殊性を示している。以上による馬産への救済施策は非常に多岐に亘るため，ここでは種牡馬と牧野に関する施策に限定して概要を述べる[25]。

① 種牡馬に関する救済施策

生産手段である種牡馬に関しては，馬産の趨勢を左右するものとして重点的に救済施策が行なわれた。

第一に，国有種牡馬の種付料が1932年より大幅に減額された。これを青森・岩手・秋田種馬所の種付料別種牡馬頭数からみると，1931年に1円68頭，2円77頭，3円70頭，5円62頭，9円以上5頭であったのに対し，1932年には1円249頭，2円11頭，3円18頭，5円3頭，9円以上3頭と，

---

23)「種馬設置助成ニ関スル件」『馬の世界』第12巻第10号，1932年10月，p. 50。
24) 以下，事業予算については農林省「第六十三回帝国議会を中心として行はれたる農林省関係の農山漁村不況匡救施設要録」1932年11月（楠本雅弘編・著『農山漁村経済更生運動と小平権一』不二出版，1983年，所収），事業の概要については「種馬設置の奨励と非常時救済の馬に関する助成事業」『馬の世界』第12巻第10号，1932年10月，および山田仁市編『産馬農村の自力更生と種牡馬の充実』帝国馬匹協会，1932年，事業実績については『馬政統計』第7次による。
25) その他の馬産救済施策として，種牝馬の設置奨励，家畜保険組合に対する補助金交付，家畜保険普及促進に関する奨励金交付（以上，1932年），家畜保険組合事業に対する助成（1933年）などがあった。

ほとんどが1円に引き下げられている[26]。1930年代に国有種牡馬の種付頭数が大きく増加したのは（前掲，表5-1，1930–35年），この措置によるところが大きいと思われる。

　第二に，民有種牡馬の設置と維持に対する助成が行なわれた。まず設置に関しては，既に種牡牛馬設置奨励規則（1925年5月18日農令第15号）によって，民有種牡牛馬の設置に対して購入価格・輸送費の1/4以内が助成されていた。これに対し，当該期には新たに種馬設置奨励規則（1932年7月13日農令第11号）が制定され，助成対象が種馬に限定されるとともに，助成比率が購入価格・輸送費ともに1/2以内へと引き上げられている。また維持に関しては，種牡馬飼養奨励規則（1931年7月1日農令第14号）が制定され，民有種牡馬の所有者または管理者に対し，1頭当たり150円以内の奨励金が交付されることとなった。

　上記2つの規則は，時局匡救事業（農村経済更生計画）の一部である「種牡馬設置助成ニ関スル件」（1932年9月5日付畜第10225号）によって拡大・強化された。まず設置については，同件甲号に上述の種馬設置奨励規則がそのまま適用された。これにより1932年度の東北馬産3県では，種牡馬103頭の購買費15万9813円に対し7万9722円が交付されている。1931年度の種牡牛馬設置奨励規則による交付金は7277円であったため，一挙10.8倍に増加されたことになる。また維持については，同件乙号「種付所ノ維持助成及道府県又ハ団体ノ種馬ニ関スル事業助成」によって，種牡馬飼養奨励規則では行き届かなかった種付所の改修・修繕や業務，維持について経費の1/2以内，種馬に関する講習会などの開催について経費の2/3以内が交付されることとなった。1932年度の東北馬産3県では種付所40ヶ所の維持費1万6794円に対し8217円，種馬講習会などの開催に対し9195円がそれぞれ交付されている。

---

26)『馬政統計』第6，7次より。

以上の施策によって，『請願』にみられた民有種牡馬に関する要求は一通り実現されたといえる。その成果として，東北馬産3県の民有種牡馬頭数は1931年694頭から32年718頭へと一時的に増加することとなった。ただし同時に民有種牡馬による種付頭数は2万7450頭から2万6939頭に減少しており，馬産農家の生産意欲を増大させた効果は，国有種牡馬の種付料減額の方が大きかったと考えられる。

② 牧野に関する救済施策

　牧野に関する救済施策では，その改良に対する助成が中心とされた。まず時局匡救事業以前に，既存牧野の維持・改良を目的とした牧野法（1931年3月31日法律第37号）と，その具体的規則である牧野改良奨励規則（1931年12月1日農令第28号）が制定された。この2つによって，牧野組合や地方公共団体，畜産組合等が行なう牧野改良に関して，専任技術員の設置（全額），講習会の開催（2/3），模範地の設置（2/3）などに対する助成金の交付が開始されている（括弧内は助成の上限）。

　以上の牧野改良に対する奨励は，時局匡救事業（救農土木事業）の一部であった「放牧地及採草地改良事業助成金交附ノ件」（1932年9月6日畜第10226号）により，障害物や凹凸の除去などといった土地整理事業に重点を置いて強化された。この適用を受け，1932年度の東北馬産3県では施業者数877，改良地積15万9704 ha の事業費36万1962円に対し，24万6800円が交付されている。その面積は3県における全体牧野面積36万9226 ha の43.3％，民有牧野面積23万0381 ha の69.3％に相当した[27]。しかし上記の施策は，既存牧野に手を加えるだけで，その面積の拡大には及んでいなかった。その意味では，1916年の「馬産限定採草地がもった性格と本質的には変わらなかった」[28]のである。この点から上記の牧野改良に対する助成事業

---

27) 『馬政統計』第7次。
28) 梶井功『畜産の展開と土地利用』梶井功著作集第6巻，筑波書房，1988年，p. 121。

は，馬産の存続に必要な牧野を整備することよりも，土木事業を通じて助成金を散布という「応急的政策」の意味合いの方が強かったと考えられる。

また同じく救農土木事業の中にあった「幼駒育成設備設置助成ニ関スル件」（1932年9月5日畜第10188号）では，畜産組合や同連合会，農会などによる幼駒共同運動場の設置に対し，工事費の1/2以内，道府県指導員の旅費はその範囲内の補助金が交付されることとなった。同件の適用を受け，1932年度の東北馬産3県では321ヵ所の運動場が設置され，工事費16万9398円に対し8万100円，指導員旅費3815円の全額が交付されている。共同運動場は以前より必要性が指摘されていたにもかかわらず，民間の資金不足から設置されずにいたものであったため，「此の金額は政府の補助事業とすれば些細なもの」であってもその効果は大きく，「近来の痛快事」と高く評価された[29]。この点で幼駒運動場設置は，「応急的政策」と評される救農土木事業の中でも，「恒久的政策」の性格が強かったといえる。また設置された運動場は，後述のように育成地における軍馬育成に寄与することとなった。

### 3）生産意欲増大の背景

第1節でみたように，1930年代の東北地方では馬価格が急落したのと同時に，種付頭数が増加していった。この理由として岩手県では，「（1）種付料の低減せられたること，（2）種牡馬飼養奨励規則により奨励金交付の途を開かれたること，（3）凶作対策の一方法として産駒による現金収入を計らんとする傾向なること等」[30]が指摘されている。（1）（2）については先に触れたので，以下（3）について補足したい。その理由は次のようなものであった。

---

29) 巻頭言「馬産に対する政府の非常時匡救施設に就て」『馬の世界』第12巻第10号，1932年10月，p. 2。
30) 「岩手通信」『馬の世界』第12巻第8号，1932年8月，p. 57。

然し窮すれば通ずるで，我馬産上には反て有利な転回を現はしつゝあるは意外です．即ち本年（1930年，昭和5）は養蚕が駄目，副業が不利，畑作が利益無し，賃金が安いと来たので此上は遊んでる馬に孕まして仔供でも取るかと云ふ考へが台頭して急に種付数を増加した事であります[31]。

1920年代に繁殖牝馬の農耕利用が拡大した背景には，軍馬生産におけるリスクの上昇や，農馬生産における種牡馬の不足といった馬産条件の悪化があった．1930年代には耕種部門の不振によって農耕利用機会が減少したことで，繁殖牝馬が再び馬産部門に押し戻されたのである．馬産部門では耕種部門と比べて冷害の影響が小さかったことも，それを推し進めた一因であった．またこうした馬産への再転換は，恐慌・冷害の影響を除いても，東北地方における馬の農耕利用の限界を示すものでもあった．

農家の使役日数は馬耕，代掻，草刈，収穫等に約百五十日乃至百八十日でありますから，……結局儲け無しと云ふ事になります．是に於いてか，休息時間の多い雪国としては冬期間の利用法として生産を助長する外，途は無い事となります[32]。

積雪地帯である東北地方では，冬期における馬の利用機会が少なかったため，農耕利用日数を増加しようにも自ずと限界があった．特に馬産地の多くを占めた山間部では，農耕利用が困難な傾斜地の多かったことがその限界を一層強めていた[33]．またこの時期には新しい馬の利用方法として，畜力中耕除草作業や畜力動力機を用いた脱穀・調製・精米作業などが登場したもの

---

31) 栗山光雄（仙台産馬畜産組合技師）の発言，「不景気切抜け座談会」『畜産』第16巻第8号，1930年8月，p. 17．
32) 同上，pp. 18-19．
33)「利用の方面に於きましては主として山村に於きまする牝馬は利用方面は極く狭くて遊んで居ると云ふことが多いのでありますから，どうしても産して売る所の生産を盛んにするそれには年仔の奨励をして見たいと思ふのであります．」前掲，『東北地方馬事座談会記事』p. 45．

の，それらは多くの初期費用を要したため，農村不況下に導入することは困難であった。こうした農耕利用に対し，繁殖利用の場合には冬期でも遊休化せず，また若干の種付料[34]と一部の農耕利用の制約さえ許容すれば，手持ちの馬をそのまま生産手段（繁殖牝馬）として利用出来るという利点があった。以上の理由から，1930年代の東北馬産農家は農耕利用よりも繁殖利用の方が有利であると判断し，また実際に繁殖利用を拡大していったのである。

　以上，1930年代において恐慌と冷害の挟撃を受けた馬産農家は，農林省に対して生産費の一部負担や馬産に伴うリスクの軽減を請願した。同省はこれを国防・産業双方の見地からの危機と受け止め，国有種牡馬の種付料減額や，民有種牡馬の設置・維持，牧野改良に対する助成などを直ちに行ない，馬産農家の生産意欲を回復させることに成功した。ただしその回復は，耕種部門における馬の利用機会の減少といった消極的理由にもよるもので，馬産経営収支が1920年代から改善されたことを意味するわけではなかった。この点で農林省の馬産救済施策は，全体として「応急的政策」に留まっていたといえる。


## 第4節　1930年代馬産農家経営と陸軍の軍馬購買事業

　第3節でみたように，1930年代の馬産農家は農林省に対して生産費の一部負担や馬産に伴うリスクの軽減を請願した。農林省の馬産救済施策はそれをある程度実現するものであったが，同時に一時的な助成金の投下に過ぎず，馬産農家は長期的に経営収支を改善する方法を他に求めなければならなかった。そのためには馬価格の上昇が最も効果的であったが，恐慌下の民間

---

34) 種付料の相場は3-5円程度であったが，現金収入の少ない春季にそれを支払うことは馬産農家にとって金額以上の負担であった。この点からも，国有種牡馬種付料の減額には大きな効果があったといえる。

馬需要（多くは農馬）にそれを望むことは困難であった。ここで注目されたのが，強大な購買力を持った陸軍の軍馬購買事業である。以下，東北馬産農家が同事業の拡大による馬価格の引き上げと馬産収入の増加に期待し，再び軍馬生産に向かった様子を述べる。

## 1）陸軍に対する請願

前掲の『請願』において，陸軍に対する要求は農林省に次ぐ 2 番目に記されており，またその項目は 2 条のみであったが，どちらにも詳細な説明が付されていた。このことから陸軍の救済に対する期待も，農林省に劣らず高かったといえる。その請願内容は本論と関連が深いため，以下に全文を引用する。

> 一．軍馬購買頭数ヲ増加セラレタキコト
> 　本県産馬事業ノ現況ハ極度経営難ニ陥リ唯々軍馬ノ購買ニ依リ稍々緩和セラレツヽアリト雖モ毎年総出場馬ノ約一割ノ買上ニ過キズシテ其ノ間ノ犠牲多大ナルモノアリ仍テ在郷軍馬貸付制度[35]ノ改革其ノ他ノ方法ニ依リ軍馬購買頭数ヲ増加セラレ此ノ窮境ヨリ御救済セラレ度シ
> 二．軍馬購買期日ヲ繰上ゲセラレタキコト
> 　本県下軍馬購買期日ハ従来十一月中旬ヨリ十二月上旬ニ至間ナルガ之ヲ本県下二歳駒競売市場開始前即チ九月前ニ御実施結了ヲ得バ其ノ間当業者ノ購買資金融通並ニ馬ノ需給関係ノ円滑ヲ来シ延テ二歳駒市況ニ好影響ヲ及ボスコトヽ可相成ヲ以テ之ガ繰上方御詮議ヲ得タシ

まず第 1 条では，軍馬購買頭数の増加が求められている。岩手県では幼駒購買・壮馬購買ともに多く行なわれていたため[36]，ここでの軍馬購買は双方

---

[35] 在郷軍馬貸付制度とは，「陸軍予備馬貸付規則」（1921 年）にもとづいた部隊過剰馬の民間への貸付を指す。同規則では乗馬のみが対象とされていたため，その頭数の増加と輓馬・駄馬への範囲拡大が，民間産馬業者から繰り返し要求されていた。
[36] 1931 年の岩手県における軍馬購買頭数は，幼駒購買 305 頭・壮馬購買 405 頭であった（岩手県産馬畜産組合連合会『岩手県の産馬』1937 年，p. 18）。

を示すと思われる。また文中の「犠牲」とは，第2節でみた軍馬購買を受けられない場合のリスクを指したものであろう。馬産農家にそくしていえば，幼駒購買頭数の増加によってそのリスクを軽減するとともに，軍馬という高額取引の増加によって2歳駒セリ市場の平均取引価格を直接的に引き上げることが期待されたのである。

次に第2条では，壮馬軍馬購買の期日繰上げが求められている。そのことで2歳駒セリ市場における育成農家や馬商の購買力を高め，全体の取引価格を間接的に引き上げることが期待されたのである。ただしこの壮馬購買の期日繰上げについては，『請願』の代表者であった藤田萬治郎（岩手県産馬畜産組合連合会副会長）が第8回馬政委員会（1932年3月17日）において再び陸軍に要求したものの，軍馬の更新を12月とする陸軍法規を理由として拒否されている[37]。

## 2）1930年代の軍馬生産と農馬生産

上記のように陸軍の軍馬購買事業に関しては，購買頭数の増加や施行時期の変更によって，馬価格を直接的・間接的に引き上げることが求められていた。このことは1930年代の馬産農家が，経営収支を改善する手段として軍馬生産や軍馬購買を認識していたことを表わしている。その理由を，帝国馬匹協会が1932年（昭和7）に行なった「農馬経済調査」を用いて以下に考察したい。同調査の中から，東北馬産3県における軍馬生産17戸・農馬生産16戸をとり上げ，生産馬1頭当たりの平均収支状況をあげた（表5-5）。

---

[37]「法規は十二月補充と云ふことになつて居ります，其の補充の根源は，大事な秋季演習に多くの人馬を出して最後の卒業試験やらうと云ふのでありまして，其の前に壮馬を買ふと云ふことは即ち除役馬を早くすると云ふことになりまして，多くの馬が出られなくなり，軍隊訓練上由々しき問題と云ふことになりまして実現はむつかしいのであります」梅崎延太郎（陸軍省軍馬補充部本部長）の発言，農林省畜産局『第八回馬政委員会議事録』1932年，p. 40。

表 5-5　馬匹経済調査一頭平均明細表（2歳軍馬・農馬）

| 区分 | 支出 | | | | | | | | | | |
|---|---|---|---|---|---|---|---|---|---|---|---|
| | 馬資本 | 装蹄費 | 厩舎資本 | 器具機械資本 | 飼料・敷草費 | 放牧費 | 種付費 | 公課保険料 | 飼養労銀 | 燃料費 | その他 |
| 軍馬 | 37.8 | 6.0 | 26.4 | 15.0 | 231.5 | 6.1 | 1.5 | 31.1 | 103.0 | 5.8 | 19.6 |
| 農馬 | 32.6 | 4.8 | 29.2 | 16.0 | 192.2 | 6.3 | 0.4 | 12.8 | 74.5 | 7.5 | 8.6 |

| 区分 | 支出（続） | | 収入 | | | | | | 生産費損益 | |
|---|---|---|---|---|---|---|---|---|---|---|
| | 計① | 計①′ | 厩肥代 | 使役労銀 | 貸馬代 | その他 | 産駒売却代 | 計③ | 計③−① | 計③−①′ |
| 軍馬 | 483.9 | 265.2 | 91.8 | 34.7 | | 0.1 | 240.6 | 367.2 | −116.7 | 102.0 |
| 農馬 | 384.9 | 214.3 | 88.4 | 62.0 | 0.3 | | 86.4 | 237.1 | −147.8 | 22.8 |

注：農馬は青森・岩手・秋田の16頭，軍馬は同17頭の平均。馬資本，厩舎資本，器具機械資本は，それぞれの利子・償却費・修繕費（衛生費）を合計したもの。支出の計①′は，①から自家労賃部分として飼料・敷草費の1/2と飼養労銀の全額を除いたもの。
出典：帝国馬匹協会『農馬経済調査成績書』1934年，pp. 169-170, pp. 196-197 より作成。

　まず支出と収入に関しては，先にみた1920年代と同様に（表5-3），軍馬生産は高収入・高支出型，農馬生産は低収入・低支出型という特徴がみられる。支出の差は，飼料・敷草費や飼養労銀といった自家労働による部分が大きい[38]。また収入では，軍馬生産において使役労銀の少ないことが目立つ。繁殖兼役用の中でも，繁殖に重点を置いていたためと思われる。

　次に生産費損益（③−①）に関しては，この時期には軍馬・農馬ともに価格が低下していたため，軍馬生産−116.7円・農馬生産−147.8円とどちらも負となっている。しかし戦前の馬産農家では，こうした自家労賃部分を含めた収支よりも，その部分を除いた現金収支が重視されていた[39]。仮に自家労賃として飼料・敷草料の1/2（自家労働・採取によるものとみなす）と飼養労銀の全額を差し引くと（支出計①′），生産費損益（③−①′）は軍馬生産102.0円，農馬生産22.8円とどちらも正となる。表面上は赤字であっても1930年

---

38) 厩舎資本・器具機械資本・放牧費・燃料費の4項目では，軍馬生産よりも農馬生産の方が多くなっている。これは前者の方が馬産経営の規模が大きかったため（同調査での平均飼養頭数は軍馬生産3.4頭，農馬生産2.8頭），規模の優位性によって1頭当たりの費用が小さくなったものと考えられる。
39) 梶井功，前掲書，p. 26（本書，序章第2節2）を参照）。

代に種付頭数が増加した背景には，以上のことがあった．

　軍馬生産と農馬生産の比較で注目されるのは，その損益の差31.1円が1920年代の差16.1円よりも拡大していることである．調査方法が異なるので単純に比較できないが，価格の下落は軍馬で小さく農馬で大きかったことを考慮すると（前掲，表5-2），上記の傾向は一般的であったと思われる．無論1930年代においても，軍馬生産を行なっても軍馬購買を受けられないリスクは存在した．しかし自家労賃部分を無視してようやく純益が生じる状況下では，そのリスクよりも高額の現金収入が得られる（可能性がある）メリットの方が重視されたものと考えられる．特に自家労賃を除いた場合には軍馬生産と農馬生産の純益差額が79.2円となり，上記のメリットは一層大きく感じられたであろう．また軍馬生産に適した国有種牡馬が低い種付料で供給されたことも，馬産農家を軍馬生産に向かわせた一因と考えられる．以上の点から，1930年代の馬産農家は軍馬生産を経済更生の手段として捉え，軍馬購買頭数の増加を要求したのであった．

### 3）壮馬中心の軍馬購買事業

　先述のように馬産農家から寄せられた幼駒購買増加の要求に対し，実際の軍馬購買事業はそれと異なる形で拡大されることとなった．軍縮期1925年の軍馬購買頭数が幼駒（2歳）1743頭・壮馬（5歳以上）713頭と幼駒中心であったのに対し，満洲事変後の1935年には幼駒2110頭・壮馬3959頭と即戦力となる壮馬を中心に増加していったのである（前掲，表4-1）．こうした壮馬購買の増加は，育成地[40]に「軍馬景気」と呼ばれる好況をもたらした一方，その恩恵を受けられない馬産地からの反発を招くこととなった．前者の「軍馬景気」については従来全く紹介されていないため，まずその景況を

---

[40] 育成地に関しては，序章第3節4）を参照．東北地方の代表的な育成地として，秋田県雄勝郡・平鹿郡，岩手県稗貫郡・胆沢郡などがあげられる．

第5章　軍馬需要の変化と東北馬産　199

写真5-2　「軍馬景気」を伝える新聞記事（『秋田魁新報』）

（秋田県立図書館所蔵）

上：「買上予想十万円／軍馬インフレ現出／歳末を控えて窮乏の農村／生色よみがへる」1933年11月29日朝刊1面（本文参照）．

下：「微笑む農民の顔……／横手軍馬購買市場／きのふから大賑ひ」1934年11月15日夕刊1面．この他にも「今度は軍馬景気来！／横手購買発表で─／県南三郡ホク〳〵」1933年7月1日朝刊2面，「軍馬景気に賑ふ県南三郡／十八日から三日間湯沢定期市場に開設」1934年9月20日夕刊1面，「早くも人気わく／横手軍馬市場／潤ふ凶作地帯」1934年10月26日夕刊1面などの記事がみられる．

1933年（昭和8）11月29日の地方紙『秋田魁新報』記事（写真5-2）から以下に引用する。

> 横手軍馬市場は買上予想十万両！　まさに軍馬インフレ景気であり打続く旱害減少に青色吐息の農民も蘇生の思ひである従来の買上平均価格値段三百廿円，軍馬に売つて安い幼駒を買つて耕作に使つて肥料をとつて次の軍馬購買に備へる──これが県南育成地農家の馬に対する経済常識である，買上値段は地場相場より三割以上も高く安い幼駒に買替へるとその間の利益は相当農家経済を霑すことにならう，しかも今回の十八日といふ長期購買は買上頭数の多いことを約束し歳末を控へてゐるだけに農家の喜びは一層大きいわけである，引き続く軍馬購買に生産地の幼駒の相場もぐんと高騰して来た，県南で約三割，北海道は五割方の値上りといはれてゐる[41]

こうした育成地の「軍馬景気」は，先にみた農林省の時局匡救事業と繋がりをもっていた。従来，育成地における壮馬軍馬購買の際には，育成馬の運動不足という問題が陸軍から繰り返し指摘されていた。救農土木事業によって設置された幼駒共同運動場は，それを解消する施設として利用されたのである[42]。育成地では，農林省の時局匡救事業と陸軍の軍馬購買事業の連携によって，経済更生の途が開かれていたといえよう[43]。

41)「買上予想十万円軍馬インフレ現出　歳末を控えて窮乏の農村　生色よみがえる」『秋田魁新報』1933年11月29日，朝刊1面。
42)「何と云つても放牧慣行の馬は丈夫である……軍隊に入つては軍馬の中堅として丈夫である……放牧地が無い処では仕方がない舎飼と云ふ事になるが其主旨は飽迄も放牧と同様の考でやる事が必要である……牧野施設の改善，共同運動場の設置等はこゝから発足した事であつて……」（一購買官「軍馬購買場に臨みての感」『馬の世界』第13巻第6号，1933年6月，p. 36）。
43) ただし育成地における壮馬購買もあくまで軍需を満たすためであって，そこに農家救済の意図はなかった。「今回の買上は急に軍馬の補充が必要になつたゝめで冷害救済の陳情があつたゝめではない」（「軍馬二十頭買上　横手の購買終る」『秋田魁新報』1935年3月25日，朝刊2面）。また時局匡救事業については，その予算が満洲事変以降の軍事費増大により削減されたという指摘がみられる（小野征一郎「昭和恐慌と農村救済政策」，安藤良雄編『日本経済政策史論』下巻，東京大学出版会，1976年，

一方，馬産地では，そうした経済更生が不可能であった。上記の記事中に
もみられるように，壮馬軍馬購買の増加は馬産地に対して間接的な価格上昇
をもたらしたが[44]，一般馬購買（多くは農馬）との差額という直接的な恩恵は
育成地によって占められたからである[45]。一般馬価格が暴落した中で馬産経
営収支を改善するためには，購買価格の高い幼駒軍馬購買が唯一の特効薬で
あった。その幼駒軍馬購買の頭数が増加しない状況下では，農林省から生産
費の一部が補助されても（第3節），経営の立て直しは不可能に近かったので
ある。このため岩手県と並んで馬産地の性格が強かった青森県では，陸軍に
対する不満が次のように強く表明されている。

　　　元来軍馬購買ハ，産地保護ノ目的，及軍馬調練ノ関係ヨリシテ，二才産地
　　購買ニ，限ラレテ居タノデアル。然ルニ近年，予算関係ヨリシテ，経費節約
　　ノ為メニ，三才四才ノ購入ヲナシツヽアルノ実況ナリ
　　　之ガ為ニ，生産地軍馬購入頭数ハ，減少セラレ，生産地ニ不利ヲ与ヘテ居
　　ル。国家国防上多大ノ犠牲ヲ払ヒ居ル，産馬地ニ対シテ，親切ナ途デナイト，
　　思フノデアリマス[46]

　馬産地は生産条件が不利であった 1920 年代においても軍馬生産を続けて

---

　　第 7 章）。上記陸軍の姿勢と通じる部分があろう。
44) 例えば 1935 年の秋田県由利郡金浦町の 2 歳駒市場では，牝馬の平均価格 82.60 円（前
　　年比 − 1.81 円）に対し，牡馬のそれは 72.38 円（前年比 ＋ 4.06 円）であった（「二歳駒
　　市場開かる　昨年に比して高値」『秋田魁新報』1935 年 7 月 9 日，朝刊 1 面）。軍馬
　　育成を目的として，牡馬に購買が集中したためである。
45) このため一部の馬産地では，育成への転換が進んだ。例えば平鹿郡山内・八沢木村
　　では，「生産よりも手ッ取り早く金になる育成の方に転向するやうに」なり，最盛期
　　には 150 頭に達した生産頭数が 1933 年には 70 頭にまで減少したとされる（「平鹿郡
　　一部の産馬頭数は減少　憂慮せらるヽ傾向」『秋田魁新報』1933 年 7 月 21 日，夕刊 1
　　面）。
46) 「馬産増殖改善ニ関スル事項」出版年・出版者不明，青森県立図書館所蔵。記述内容
　　から 1934 年頃に青森県技師が作成したものと推測される。『請願』と同様，「犠牲」
　　という表現が用いられている点は興味深い。

軍に貢献してきた，それゆえ不況下の現在には幼駒軍馬購買の増加によって優先的に救済されるべきである，という主張である。こうした不満が表われたこと自体が，馬産経営の立て直しに幼駒軍馬購買の増加が不可欠である一方，それが実現されなかったという実態を示している。

　以上，1930年代の東北馬産農家は，陸軍に対して軍馬購買頭数（特に幼駒）の増加を求めた。それが引き起こす馬価格の上昇（馬産収入の増加）によって，馬産部門，更には農家経営全体の収支が改善されることを期待したのである。しかし実際の軍馬購買事業は満洲事変の影響から即戦力となる壮馬を中心に行なわれたため，そうした馬産農家の期待は裏切られる結果となった。

## 小括

　以上の分析を，冒頭の課題にそくして整理しなおすと次のようになる。

　まず第一の課題，1920年代の平時軍馬需要の減少や馬価格低下に対する東北馬産経営の対応について。同時期の馬産農家は当初，軍馬生産から農馬生産への転換を試みた。上記2つの変化によって軍馬生産のリスクが上昇したため，売却価格は低くても販路の広い農馬生産によって経営安定化を図ったのであった。しかし農馬生産に適した種牡馬を得ることは制度的・経済的に困難であったことから（体格制限および購入維持費の問題），上記の転換は十分に進まなかった。その結果，馬産農家の中には生産を中止するものが現われ，それらの農家では（従来の）繁殖牝馬による農耕利用を拡大するという対応がとられた。馬産部門における利用減少を耕種部門における利用増加によって相殺したのである。以上のように1920年代における東北産馬業の「衰微」とは，軍縮による軍馬購買事業の縮小によって直ちに引き起こされたものではなく，一旦は農馬生産への転換による馬産の継続が図られたが，それ

が販路を度外視した種牡馬制度によって妨げられたことで進行したものであった。

次に第二の課題，1930年代の東北馬産経営と農林省の馬産救済施策の関係について。同時期の東北馬産農家は，恐慌と冷害によって最早自らの経営努力のみでは収支の改善が不可能となり，農林省に対して生産費（種付や飼料に関する経費）の一部負担や馬産に伴うリスク（軍馬生産，伝貧）の軽減を直訴するに至った。この事態を国防・産業の両面から重くみた農林省は，国有種牡馬種付料の減額，民有種牡馬の設置・維持や牧野改良などに対する助成を直ちに開始した。それらの施策は馬産農家の生産意欲を高めることに成功し，この点で東北産馬業に「一時再起」をもたらしたといえる。ただしそれらには同時に，一時的に助成金を投下した「応急的対策」に過ぎない側面もあった。馬産経営収支を根本的に改善するためには馬産収入の増加が不可欠であったが，それを引き起こす効果を有していなかったからである。

最後に第三の課題，同じく1930年代の東北馬産経営と陸軍の軍馬購買事業の関係について。上記の理由から，同時期の東北馬産農家は陸軍に対して幼駒軍馬購買頭数の増加を請願した。軍馬という高価格取引の増加による馬価格の上昇と，それに伴う馬産収入の増加を期待したのである。こうして東北馬産経営は，再び軍馬需要と結びつくこととなった。しかし同時期の軍馬購買事業は満洲事変の影響から即戦力となる壮馬を中心に行なわれ，馬産農家が望んだような幼駒軍馬購買を梃子とした経済更生は実現されなかった。それが可能となったのは，徴発により馬頭数が絶対的に不足し，馬価格が高騰した日中戦争以降のことである。

以上，馬政計画第二期の東北馬産農家は，1920年代には農馬生産による経営収支の安定化を図り，また1930年代には軍馬生産による馬産収入の増加を目指していった。しかし前者は軍馬生産を前提とした種牡馬制度，後者は満洲事変による軍馬需要の変化（幼駒中心から壮馬中心へ）によって阻まれ，どちらも実現されずに終わった。「馬産は破産なり」という状況は，全

期を通じて改善されなかったのである。このように，馬産経営レベルの要求と政策レベルの動きが絶えず「跛行」的であったことが，馬政計画第二期における馬産の特徴であった。同時期の馬産農家は，経営収支の改善要求を軍の意向や行動により阻止されたという点で，第4章でみた馬の使役農家と同様に軍と対立関係にあったといえよう。

補章

# 共進会制度からみた馬匹改良政策の変遷

補章　共進会制度からみた馬匹改良政策の変遷

　本章では，第2章から第5章でみた軍馬を主眼とした馬匹改良政策の実態について，馬に関する共進会（以下，馬匹共進会と表記）を通じた保護奨励という側面から補足する。馬匹改良の急速な進展は，軍と馬政が民間産馬業（多くは農家）に対して政策的に強く介入したことで実現された。その主軸が①種牡馬制度による生産規制（小型種牡馬の供用禁止）と，②軍馬購買による利益誘導（改良馬の高価買い上げ）にあったことは，これまでに述べてきた通りである。しかしながら，上記2つ以外の政策が与えた影響も無視できない。やや後年になるが，1937年（昭和12）に行なわれた馬産経済実態調査によると，東北地方の馬産経営において現金収入に占める「奨励金賞金」の割合は平均25.3％に達していた（表補-1）。またその中には，馬産の主な収入源であった「産駒」を上回った地方もみられる（秋田第1部落）。以上のことは，馬政当局が「奨励金賞金」を操作することによって，馬産経営の浮沈を少なからず左右できたことを表わしている。

　こうした「奨励金賞金」すなわち単体の馬飼養農家に対する補助金・助成金政策の影響は，従来の研究において看過されてきた。例えば，上記表の原資料「馬産経済実態調査」（1937-41年）を分析した研究は幾つか行なわれているものの[1]，それらの中では「奨励金賞金」がいかなる農家に対し，どのような頻度・割合で交付されたのか，などについて全く検討されていないのである。一方，「奨励金賞金」のあり方については，当時よりその問題性が指摘されていた。一例をあげると，秋田県のある技師は，馬政計画第二期の中期にあたる1929年に次のように述べている。

　　　　在来の馬政は単によき馬を造るそれのみであつた．優良馬の奨励金，競
　　　馬，共進会，品評会，表彰それ等は特殊産馬家の擁護である．それは産馬の

---

[1]　馬政局『馬産経済実態調査成績』1945年，栗原簾七郎「馬産経済の実態について」『帝国農会報』第29巻11号，1939年11月，農林統計研究会『農業経済累年統計』第2巻，1975年など。

表補-1　馬産現金収入に占める奨励金賞金（1937 年）

| 県 | 宮城 | 秋田 | | 福島 | | | 計 |
|---|---|---|---|---|---|---|---|
| 調査戸数 | 5戸 | 5戸 | 5戸 | 5戸 | 3戸 | 4戸 | 27戸 |
| 現金収入計 | 274.3 | 284.2 | 183.9 | 86.7 | 431.4 | 300.2 | 246.0 |
| 産駒 | 102.0<br>*37.2%* | 135.2<br>*47.6%* | 76.0<br>*41.3%* | 74.9<br>*86.3%* | 391.0<br>*90.6%* | 252.6<br>*84.2%* | 152.7<br>*62.1%* |
| 奨励金賞金 | 66.2<br>*24.1%* | 136.0<br>*47.9%* | 75.0<br>*40.8%* | 9.5<br>*10.9%* | 40.4<br>*9.4%* | 30.8<br>*10.2%* | 62.1<br>*25.3%* |

注：単位は円．斜字体は現金収入全体に占める割合．産駒とは生産馬の売上代金のこと．奨励金賞金には調査手当20円を含む．
出典：馬政局『馬産経済実態調査』昭和12年度分散調査ノ部，生産及育成，1939年，pp. 140-141 より作成．

　　　基礎たる生産が安定して然る後行ふべき政策である．……現況よりすれば其
　　奨励，助成，指導は先づ総ての生産者，育成者に均霑する事を第一とせねば
　　ならぬ[2]．

　これは従来の，すなわち馬政計画第一期（1906-23年）の保護奨励政策が
「特殊産馬家の擁護」に留まり，「総ての生産者，育成者に均霑」していなかっ
たことを批判したものである．ではそうした第一期における奨励範囲の狭さ
はいかなる理由によるものだったのか，またそれは第二期（1924-35年）にお
いてどのように改善されたのか．こうした点を，「奨励金賞金」政策の１つ
であった馬匹共進会を対象として明らかにすることが，本章の課題である．
　馬匹共進会の規模には，内国博覧会，道府県連合共進会，各県共進会，及
びそれ以下の郡共進会などがあった．これらの中から，本論では馬匹改良の
あり方をめぐる中央と地方の対立が最も強く表われたと思われる県共進会に
焦点を当てたい．また国の補助制度による区分として，馬政計画第一期には
産馬奨励規程による産馬共進会，同第二期には畜産奨励規則による種馬共進
会及び役馬共進会の３つがあった[3]．本論ではそれぞれの分析対象として，

2)　河原田次雄「馬事漫談（一）」『秋田県農会報』208号，1929年9月，pp. 34-35．
3)　この他に，牛馬による耕起作業の技術を競う犂耕共進会も行なわれており，これも合
　　わせると馬の生産から利用に至るまでの一通りの共進会が整備されていたことにな

第一期の青森県産馬共進会、および第二期の秋田県種馬共進会、同輓用役馬共進会をとり上げる。

以下、第1節では国による共進会制度の変遷について整理する。次に第2節から第4節では、上記3つの共進会においてどのような馬産経営が受賞していたのかを、馬所有規模や国税納付額による階層区分から検討する。

## 第1節　共進会制度の変遷

### 1）産馬奨励規程

国による共進会制度が整備される以前（明治初期から中期）には、各地方において県や郡単位による馬匹共進会が独自に行なわれていた。その例として、1879年（明治12）青森県の馬匹優等会、1881年秋田県と鹿児島県の馬匹共進会などがあげられる[4]。しかし日清・日露戦争以降に軍馬を主眼とした馬匹改良が国策化されると、そうした各地の共進会を軍の意向の下に統一することが必要となった。こうして1906年12月に制定されたのが、産馬奨励規程（閣令第9号）である。同規程では馬に関する連合共進会・道庁府県共進会について、出陳された優等馬に褒賞（1-3等は賞牌と賞金、4等は褒状のみ）を授与すること（第2，3条）、開催費の一部を補助すること（第4条）などが規定された[5]。他の畜産で同様の共進会制度が設けられたのは、牛の場合は1908年の産牛奨励規程、牛馬以外の場合は1919年（大正8）の畜産奨励規則

---

　　る。ただし犁耕共進会に対する補助・助成は、農商務省農務局により行なわれており、馬政局・畜産局による馬匹共進会とは異なる系譜にあった（農政内の縦割）。
4）　帝国競馬協会編『日本馬政史』第4巻、1928年、p. 548。
5）　同上、pp. 532-533。共進会受賞馬の他、「競馬会にして馬匹改良上有益と認むるもの」（第5条）、「民有の馬匹にして体格優良なる者」（第6条）などに対しても奨励金が授与されている。

表補-2　共進会1等賞金の変遷（秋田県）

| 共進会制度<br>年次<br>共進会区分 | 産馬奨励規程期 | | | 畜産奨励規則期 | | | | |
|---|---|---|---|---|---|---|---|---|
| | 1909年<br>産馬 | 1915年<br>産馬 | 1920年<br>産馬 | 1925年<br>種馬 | 1930年<br>種馬 | 1930年<br>役馬 | 1935年<br>種馬 | 1935年<br>役馬 |
| 1等賞金額 | 300円 | 250円 | 250円 | 250円 | 350円 | 150円 | 280円 | 120円 |
| 内訳　馬政局・農林省賞金 | 300円 | 250円 | 250円 | 250円 | 250円 | 100円 | 200円 | 80円 |
| 　　　帝国競馬協会賞金 | − | − | − | − | 100円 | 50円 | 80円 | 40円 |

注：1916-27年の産馬共進会には軽輓馬の部と重輓馬の部があった。上記の金額は軽輓馬の部。
出典：秋田県畜産組合『秋田県畜産史』1936年，pp. 267-303，同『秋田県畜産組合事業報告書』各年。

であり，こうした共進会制度の整備の早さからも戦前の畜産行政内における馬の特殊性が確認される。

　上記の産馬奨励規程に関しては，次の2点に注目される。1つは，受賞者に対して下付された賞金が高額であったことである[6]。従来の馬匹共進会では褒賞が賞牌や賞状に限られており（内国博覧会を除く），受賞の恩恵は種牡馬・種牝馬としての箔付けのみに留まっていた。これに対し，同規程では馬政主管の馬政局（内閣総理大臣所属，1910年より陸軍省）から表補-2のような多額の賞金が交付されることとなった。同表は秋田県における各共進会の1等賞金額のみであるが，2等以下の賞金額の例もあげると，1907年の青森県産馬共進会では1等300円，2等150円，3等70円であったとされる[7]。この1等賞金は同年の全国馬平均価格46.6円の6.4倍に達し，また米価1石16.4円で換算すると18.3石分に相当した。産馬奨励規程によって，馬匹共進会は馬を飼養する農家に直接的な経済効果（現金収入）をもたらすようになったのである。

　もう1つは，受賞馬の審査員が陸軍によって選定されたことである。1909年6月に定められた馬匹共進会褒賞内規では，「審査員ハ審査長一名及ビ審査官二名以内トシ馬政局ヨリ之ヲ派遣シ又ハ地方長官ノ選定シタル候補

---

[6]　「明治四十年ヨリ……賞金ハ総テ産馬奨励規程ニ依リ馬政局ヨリ下賜セラル」（岩舘精素編『三本木産馬組合要覧』青森県三本木産馬組合，1910年，p. 123）

[7]　同書，p. 122。

者ニ之ヲ嘱託ス」(第5条) とされ，審査員の決定権が陸軍省馬政局に委ねられていた。実際の各県産馬共進会では，馬政官 (全国7つの馬政管区長) が審査長を務めていた場合が多い。陸軍は賞金を下付するのと引き換えに，各地共進会の審査過程に介入するようになったのである。

以上のような産馬奨励規程の適用を受けることによって，従来の馬匹共進会は軍主導の馬匹改良政策の中に取り込まれることとなった。

## 2) 畜産奨励規則

大正軍縮の影響を受け，陸軍省馬政局は馬政計画第一期の終了年 (1923年，大正12) に解体され，馬政主管は同計画第二期から新設の農商務省畜産局へと移された (1925年より農林省畜産局)。この畜産局による産馬政策では，従来からの軍馬資源となる改良馬の生産に加え，その利用に関しても保護奨励が開始されている (第4章)。こうした馬政面の変化を受け，馬匹共進会制度も改正されることとなった。1923年に産馬奨励規程が廃止され，馬匹共進会に対する助成は他の畜産と同様に畜産奨励規則へと一本化されたのである[8]。

この畜産奨励規則による馬匹共進会に関しては，次の3点に注目される。1つめは，役馬共進会に対する助成が開始されたことである。第一期の共進会は将来の種牡馬・種牝馬の選定を目的としたもので，第二期に「種馬共進会」と呼ばれたものであった。これに対し，役馬共進会 (農馬共進会と呼称する場合もあった) とは，馬体検査と実技検査を行なって優等役馬を表彰するというもので，道庁府県単位では1914年に愛知・函館・空知の3ヶ所で開催されたのを嚆矢とする。この役馬共進会は1929年に畜産奨励規則の助成対象に組み込まれ[9]，同年以降には開催数で種馬共進会を上回るに至った (図

---

8) 神翁顕彰会編『続日本馬政史』第2巻，農山漁村文化協会，1963年，pp. 556-559。
9) 1929年には役馬奨励規則が施行されており，これに合わせた改正であったと思われ

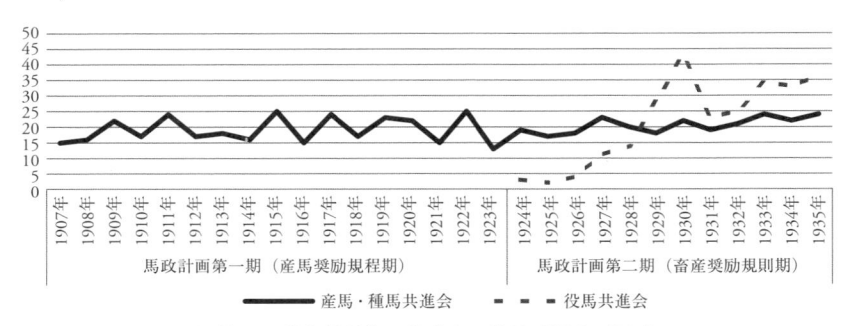

**図補-1　道府県単位の共進会開催数（種馬・役馬）**

出典：帝国競馬協会編『日本馬政史』第4巻，1928年，p. 547，神翁顕彰会編『続日本馬政史』第2巻，農山漁村文化協会，1963年，pp. 548-551より作成。

補-1）。

　2つめは，審査の過程から陸軍の関係者が排除されたことである。畜産奨励規則では審査員の選定に関する条項が制定されておらず，その選択は主催者である地方庁や畜産組合に任されていた。実際の審査長をみてみると，例えば秋田県種馬共進会では秋田種馬所長が，同県役馬共進会では地方農林技師が歴任している。こうして陸軍が審査に直接関与しなくなったことで，地方の馬産・馬利用事情が審査に反映され易くなったと考えられる。

　3つめは，帝国競馬協会による副賞金の交付が，1928年から開始されたことである。農林省からの賞金額は当初，馬政局時代（産馬奨励規則期）のまま据え置かれていたが，1931年以降には減額されていった（前掲，表補-2）。帝国競馬協会の副賞金は，そうした国からの賞金額の停滞と減少を少なからずフォローしたのである。この点で，競走馬産業は軍縮以降における馬政予算縮小の影響を緩和する役割を果たしていたといえる。

る。

## 第 2 節　馬政計画第一期の共進会 ── 青森県産馬共進会

### 1）青森県産馬共進会と七戸産馬組合

　本節では，馬政計画第一期の産馬奨励規程による馬匹共進会の実態を，青森県産馬共進会を対象として明らかにする。

　青森県では，1889 年（明治 22）より南部地方（県東部，上北・下北・三戸の 3 郡）を範囲とした南部三郡産馬優等会が開催されていた。1906 年に産馬奨励規程が施行されると，同会はその適用を受けるために県全域を範囲とした青森県産馬共進会へ改められ，同規程の下で第 7 回（1907 年）から第 22 回（1922 年）の計 16 回が開催されている。その全体成績は詳らかでないが，県内 12 の産馬組合の 1 つであった七戸産馬組合に関しては，組合員の受賞成績が残されている[10]。本節ではこれを用いて，産馬共進会の受賞者がいかなる経営に偏っていたのかを検討したい。

　七戸産馬組合は，青森県上北郡中部の 6 村（七戸・天間林・浦野舘・大深内・甲地・六ヶ所）を区域とした組合であった。組合区内の馬産はサラブレッド種やアラブ種，アングロアラブ種などの軽種が中心であったとされる（前掲，表 1-7）。上記 16 回の青森県産馬共進会において，七戸産馬組合員は 1 等 7 回，2 等 15 回，3 等 31 回，4 等 47 回の計 100 回受賞しており，また複数回受賞を除いた受賞者実数は 38 名であった。1911 年時点の組合員 1468 名[11]に対する受賞者の割合は 2.6％となり，共進会における受賞は極めて狭き門であったといえる。

---

10) 小原平右衛門編『南部の誉・柏葉城の馬』青森県上北郡七戸産馬畜産組合，1938 年，pp. 62-71。
11) 青森県『青森県畜産要覧』1912 年，p. 30

**表補-3　七戸産馬組合内の牧場経営**

| 牧場名 | 所在地 | 経営状況 |
|---|---|---|
| 須藤牧場 | 天間林村 | 1923年創立（それ以前より牧畜業に従事）<br>反別50余町歩，飼育馬70余頭（預託馬多数） |
| 浜中牧場 | 七戸町 | 1903年創立，反別70余町歩，繁殖牝馬6頭<br>①94.0町歩地主（小作人210名）<br>②呉服商・穀物商・貸付業（先代，1909年没） |
| 盛田牧場 | 七戸町 | 1887年創立，反別150余町歩，繁殖牝馬10頭（場外農家に100頭貸付）<br>①640.9町歩地主（小作人1,144名）<br>③呉服商・酒造業 |
| 萩沢牧場 | 七戸村 | 1870-1911年（末期不明），牧場反別613町歩，飼養頭数64頭 |

出典：①「五十町歩以上ノ大地主」1924年，②「日本全国商工人名録」1898年，③「日本全国商工人名録」1914年（いずれも渋谷隆一編『都道府県別資産家地主総覧』青森編，日本図書センター，1988年所収）。それ以外は小原平右衛門編『南部の誉・柏葉城の馬』青森県上北郡七戸産馬畜産組合，1938年より。

## 2）馬所有規模による経営階層区分

　上記の受賞者38名がいかなる馬産経営であったのかについて，本論では次のように分類したい。第一に，畜産を専業とした牧場経営と，耕種農業との兼業であった馬産農家経営に区分する。

　まず牧場経営について。当該期の七戸組合区内には，4つの牧場経営が存在したとされる（表補-3）。いずれも経営面積50町歩以上，馬所有頭数100頭以上といった一般の馬産農家とかけ離れた規模にあった。前者は放牧・採草地の自己所有を，後者は繁殖専門馬の飼養を可能とし，そうした条件から牧場経営では種牡馬や競走馬などの特殊高級馬に特化した生産が行なわれていた。また4経営のすべてが周辺農家に馬の貸し付けを行なっており，さらに浜中牧場と盛田牧場は多くの小作人を抱える大地主でもあった。このことは土地小作と馬小作が同じ小作人に対して行なわれていたことを示唆している[12]。

---

12）馬小作の主な形態として，①土地小作を伴う場合，②金銭債務を伴う場合，③独立的に行なわれる場合，の三つがあった（馬政局『岩手県に於ける馬小作に関する調査』馬産経済実態調査特別報告第1号，1938年，p. 11）。浜中牧場と盛田牧場の経営者は

牧場経営を除いた馬産経営の多くは、馬産農家によるものであった[13]。その特徴として、馬産専業ではなく耕種農業と兼業であったこと、繁殖牝馬の多くが役繁兼用であったこと、放牧・採草地は部落の共同利用であったこと、軍馬や農馬、都市運搬馬といった使役馬の生産が中心であったこと、などがあげられる。

青森県内の馬産農家経営について、第2章では岸英次による経営階層区分を用いたが、本章では共進会受賞者名簿と比較するため、氏名の判別する次の方法によって2つの馬所有規模階層に区分する。同県の産馬取締規則（1888年改正）では、組合選挙の被選挙資格として組合長は「馬匹拾五頭以上」、産馬委員は「馬匹拾頭以上」を所有することが必要とされていた[14]。したがって組合選挙の当選者は少なくとも10頭以上の馬を所有していたことになり、これを以下、組合選挙当選者として区分する。1911年の七戸産馬組合員の平均馬所有頭数は3.98頭であったため、組合選挙当選者は全体平均の2.5倍以上の所有規模にあったことになる。同組合では1903年から23年に5回の選挙が行なわれ、複数回当選を除いた当選者実数は57名であった。組合員全体1468名に占めた組合選挙当選者の割合は3.9％となる。

以上の牧場経営及び組合選挙当選者を除いた馬産経営を、一般馬産農家として分類する。広範に存在した中・零細規模の馬産農家がここに含まれる。その中にも10頭以上を所有した経営が存在しなかったわけではないが、上

---

　　商業も行なっていたため、両牧場による馬小作は①と②を兼ねたものであったと考えられる。
13）青森県については不明であるが、例えば1916年の秋田県畜産組合における組合員職業別内訳をみると、全体3万1712名に対し、農3万586名（96.4％）、工298名（0.9％）、商327名（1.0％）、その他501名（1.6％）と農業者が圧倒的割合を占めていた。
14）岩舘精素編『三本木産馬組合要覧』青森県三本木産馬組合、1910年、p. 8。この規則がいつまで存続していたのかは不明であるが、1902年の三本木産馬組合ではこの選挙資格をめぐる紛議が起こっており（「三本木産馬組合議員選挙紛議」『東奥日報』1902年4月19日）、少なくとも同年までは存続していたことが確認される。ただし『青森県例規』1911年には、本規則が記載されていない。

表補-4　階層別受賞率・占有率（七戸産馬組合）

| 経営階層 | | a. 総数 | b. 受賞者 | c. 受賞回数 | 受賞率 (b/a) | 占有率 (c/100回) |
|---|---|---|---|---|---|---|
| | 牧場経営 | 5 | 4 | 45 | 80.0% | 45.0% |
| 馬産農家経営 | 組合選挙当選者 | 57 | 11 | 25 | 19.3% | 25.0% |
| | 一般馬産農家 | 1,406 | 23 | 30 | 1.6% | 30.0% |
| | 計 | 1,468 | 38 | 100 | 2.6% | 100.0% |

出典：表補-3に同じ。

記の平均所有頭数からすると、その割合は極めて少なかったと思われる。

## 3）受賞者の内訳

　以上の経営階層区分をもとに、各階層に占める共進会受賞者の割合を表補-4にまとめた。まず牧場経営では5名[15]のうち4名が受賞しており、全体の受賞回数の半数近くを占めていた。このことから、産馬奨励規程による共進会受賞の恩恵を受けていたのは、主に牧場経営であったといえる。次に馬産農家経営の受賞率（b/a）をみると、組合選挙当選者が一般馬産農家より圧倒的に高くなっている。牧場経営と合わせ、所有頭数が多いほど受賞率が高い傾向にあったことが分かる。また組合選挙当選者と一般馬産農家における馬所有規模の差が約2.5倍であったのに対し、受賞率の差はそれを大きく上回る約12倍となっている。このことは、両者の間には所有頭数という量の面だけでなく、所有馬の質の面においても格差があったことを示唆している。

　上記のことは、階層別の受賞内訳をみると一層明らかとなる（表補-5）。まず組合員1名当たりの平均受賞回数（b/a）と賞金の下付された3等以上への上位入賞率（c/b）をみると、どちらも牧場経営、組合選挙当選者、一般馬産農家の順に高くなっており、所有規模が大きいほど出陳馬の質が高かったこ

---

15) 表補-3で示した牧場経営4つのうち、浜中牧場は当該期内に当主が交代したため、経営者数としては5名となる。

表補-5　共進会受賞の内訳（七戸産馬組合）

| 経営階層 | | a. 人数 | b. 受賞数 | c. 上位入賞数 | d. 洋種馬数 | 平均受賞回数 (b/a) | 上位入賞率 (c/b) | 洋種率 (d/b) |
|---|---|---|---|---|---|---|---|---|
| 牧場経営 | | 4 | 45 | 28 | 34 | 11.3 | 62.2% | 75.6% |
| 馬産農家経営 | 組合選挙当選者 | 12 | 25 | 15 | 7 | 2.1 | 60.0% | 28.0% |
| | 一般馬産農家 | 23 | 30 | 10 | 12 | 1.3 | 33.3% | 40.0% |

注：上位入賞とは，賞金が下付された3等以上を指す（4等は賞金なし）。dの洋種馬数は，bのうち受賞馬が洋種であったもの。
出典：表補-3に同じ。

とが分かる。次に受賞馬に占める洋種の割合（d/b）からは，次の2つが指摘される。第一に，牧場経営と馬産農家経営全体を比較すると，前者の方が高くなっている。上位入賞率の高さと合わせると，両者間の馬の質に関する格差は，主に洋種馬の多さによるものであったといえよう。第二に，組合選挙当選者と一般馬産農家を比較すると，前者は平均受賞回数と上位入賞率で後者を上回っていたにもかかわらず，洋種率では逆に下回っている。このことから，組合選挙当選者が洋種馬でなくても受賞できる育成技術や資本を有したのに対し，それらを欠いた一般馬産農家は血統（洋種血量の多さ）に頼らなければ受賞できなかったものと思われる[16]。

　以上，馬政計画第一期の産馬共進会においては，受賞者が馬所有規模の大なる経営（牧場経営及び10頭以上を所有した馬産農家）に集中していたことが明らかとなった。またその理由として，上記の経営が一般馬産農家に対して，所有規模のみならず血統や育成技術などといった馬の質の点でも優位にあったことが考えられる。

　こうした産馬共進会制度は，馬政計画第一期の馬匹改良の中でいかなる役割にあったのか。受賞馬の多くが洋種馬であったことに示されるように，こ

---

16) 牧場経営が馬小作を行なう際には，育成経験が豊富な農家に対して優先的に優良牝馬を貸付けられたとされる。一般馬産農家による共進会受賞には，そうした小作馬による生産馬が少なくなかったと考えられる。

の時期の共進会では奨励の対象が種牡馬・種牝馬の候補馬に限られていた。このことから，産馬共進会の目的は，軍馬を主眼とした馬匹改良に必要となる種牡馬・種牝馬を保護することにあり，馬匹改良の担い手である馬産経営そのものを保護する意味合いは小さかったと考えられよう。

## 第3節　馬政計画第二期の共進会その1 —— 秋田県種馬共進会

次に馬政計画第二期の畜産奨励規則による馬匹共進会の実態について，本節と次節では秋田県を対象に検討する。同県では種馬共進会と役馬共進会の双方が実施されており，またその詳細な成績が各年の『秋田県畜産組合事業報告』に残されているからである。ただし前節でみた青森県と異なり，秋田県には牧場経営がみられず，また畜産組合の被選挙資格から馬所有規模で分類することも出来ない。代わりとして，ここでは国税納付額の大きさとそれから推定される土地所有規模によって，受賞者を分類することしたい。本節ではまず，種馬共進会について分析する。

### 1）概況

馬政計画第一期の秋田県では，産馬奨励規程による秋田県産馬共進会が計16回（1903-22年，明治36-大正11）行なわれていた。1923年における同規程の廃止と畜産奨励規則への編入に伴い，上記共進会は秋田県種馬共進会と改称され，馬政計画第二期において第17-29回（1923-35年）の計13回が開催されている（開催数は産馬共進会から継続）。

この13開催の概況を，表補-6に示した。13回合計の出陳数は790頭，受賞数は397であった。1回当たりの平均では出陳数60.7に対して受賞数30.5となり，出陳数の約半分が受賞していたことになる。上記の受賞数を

表補-6　秋田県種馬共進会の概況

| 年次 | 1923年 | 1924年 | 1925年 | 1926年 | 1927年 | 1928年 | 1929年 | 1930年 | 1931年 | 1932年 | 1933年 | 1934年 | 1935年 |
|---|---|---|---|---|---|---|---|---|---|---|---|---|---|
| 出陳数 | 70 | 70 | 60 | 60 | 60 | 60 | 60 | 60 | 60 | 60 | 50 | 60 | 60 |
| 受賞数 | 36 | 35 | 31 | 30 | 30 | 30 | 30 | 30 | 30 | 30 | 25 | 30 | 30 |
| 1等 | 2 | 2 | 1 | 1 | 2 | 2 | 2 | 2 | 2 | 1 | 1 | 2 | 2 |
| 2等 | 9 | 8 | 7 | 5 | 4 | 4 | 6 | 6 | 6 | 5 | 5 | 6 | 6 |
| 3等 | 12 | 14 | 9 | 11 | 10 | 12 | 12 | 12 | 12 | 18 | 12 | 12 | 12 |
| 4等 | 13 | 11 | 14 | 13 | 14 | 10 | 10 | 10 | 10 | 6 | 7 | 10 | 10 |
| 観客数 | 2万 | 2万 | 2万 | 2万 | 2万 | 2.2万 | 2万 | 2万 | 2.5万 | 2.5万 | 2.7万 | 2.5万 | 2.6万 |

注：1923-30年は種牛共進会，1931-33年と35年は役馬共進会と共催。観客数は開催中の延べ人数と思われる。
出典：『秋田県畜産組合事業報告書』各年より作成。

　秋田県畜産組合員数3万2472名（1930年，馬生産者のみ）で割ると13年間で1.2％となり，先にみた第一期の青森県（16年間で2.6％）よりも更に受賞の確率が低かったといえる。ただしこれは共進会制度の違いというよりも，秋田県が後進馬産地であったことや，種馬生産の主体である牧場経営を欠いたことが主な理由であったと考えられる。また毎回2万人以上の観客数を集めており，種馬共進会は農村部における1つのイベントと化していた様子がうかがえる。

　出陳馬790頭の内訳を挙げると，性別では牡馬421，牝馬369，騸馬0，年齢別では3歳616，4歳152，5歳22であった。種馬共進会の名称の通り，育成中の種牡馬と種牝馬に限られていたことが分かる。審査対象とされた役種は，第二期計画で定められた秋田県の地域役種区分[17]にもとづき，輓馬系に限定されていた。第21回（1927年）までは軽輓馬・重輓馬の2つの部が設けられていたが，重種流行（第3章）が衰退した後の第22回（1928年）からは軽輓馬のみとされている。

　次に開催時期と場所について。第18回（1930年）までは9月上旬の秋田

---

17) 仙北・北秋田・由利・山本・鹿角の5郡は輓馬及び小格輓馬，秋田市及び南秋田・河辺・平鹿・雄勝の4郡は小格輓馬とされた（神翁顕彰会編『続日本馬政史』第1巻，農山漁村文化協会，1963年，p.89）。

市（県畜産組合構内）で種牛共進会と共催されていたが（種牛馬共進会），第19回（1931年）以降は7月下旬の平鹿郡横手町（家畜市場）で後述の役馬共進会との共催となった（第22回は除く）。この改正には，産馬関係者の便宜を図るとともに，2種類の共進会を同時に見せることで，観客に幅広い馬事知識を普及させる狙いがあったものと考えられる。

## 2） 国税納付額による経営階層区分

　秋田県種馬共進会および役馬共進会の受賞者について，ここでは1927年（昭和2）の『秋田県名鑑』（以下，『名鑑』と略記）における国税（地租・営業税・所得税）15円以上の納付者名簿を用いて，以下5つの経営階層に区分したい。『名鑑』に記載された上記の国税納付者数は，秋田県全体で2万220名であった。そのすべてを戸主とみなすと，秋田県総世帯数16万27戸（1925年）の12.6％，すなわち納税額の上位約1/8に相当する。

　まず地租15円以上の納付者を，その納付額から①500円以上，②100円以上500円未満，③15円以上100円未満の3つに区分する。各地租額から土地所有規模を推定すると[18]，それぞれ①50町歩以上，②10町歩以上50町歩未満，③1.5町歩以上10町歩未満，の土地所有者とみなすことが出来る。

　上記地租15円以上納付者の他，『名鑑』には④地租15円未満であるが営業税・所得税15円以上であった納付者も記載されており，これを④非農家

---

18） 安良城盛昭は，次の換算式によって地租から所有面積（田）を推定している。所有面積（反歩）＝地租（円）÷租税率÷反当たり平均地価（円/反歩），同「日本地主制の体制的成立とその展開―明治30年における日本地主制の地帯構造を中心として―」上・中の1，2・下『思想』第574，582，584，585号，1972年4，12月，73年2，3月。これに1927年の地租税率0.045，秋田県における田の平均地価21.95円/反歩を当てはめると，所有面積（反歩）≒地租（円）×1.01となり，地租1円につき約1反歩の田を所有していた計算となる。ただし実際には田よりも地価の低い畑や林野も有していたため，土地所有面積はこの計算より大きかったと考えられる。

補章　共進会制度からみた馬匹改良政策の変遷 | 221

として分類する。また『名鑑』に記載されていない共進会受賞者については，⑤一般農家として区分することとする。

### 3）受賞者の内訳

　前掲した 13 開催の受賞数 397 のうち，国から賞金を下付された 3 等以上の受賞数は 255 であり，その複数回受賞を除いた受賞者の実数は 178 名であった。この 178 名について，前記の階層別に受賞者数と受賞回数を表補-7 にまとめた。

　まず階層別受賞者数とその職業について。受賞者数は⑤，③，②，①，④の順に多くなっているが，これは母数の差によるものと考えられる。職業欄に目を向けると，全体的に農業・地主が多かったものの，①と②では貸金業の多さも目立ち，それらの寄生地主的な性格がうかがえる。④は納税種目が占めす通り，商業者が中心であった。

　次に階層別受賞内訳について。全体に占める受賞者数の割合（a/178 名）と受賞回数の割合（b/255 回）の差が大きかったのは，②地租 100-500 円（10-50 町歩所有）の－8.5 ポイントと，⑤地租 15 円未満（1.5 町歩未満）の＋7.8 ポイントの 2 つであった。両者の捻じれは，②の方が⑤よりも受賞する確率が高かったことを示している。またそのことは，②の受賞者 1 人当たりの受賞回数が⑤の 2 倍以上となっていることにも表われている。受賞の等級内訳では，納税額の高い階層ほど上位の受賞が多かった傾向がみられるが，①よりも②の方が好成績であった点には注意したい。受賞するためには資本が大きさだけでなく，自ら農業（馬産）を経営することも必要であったことを示すと考えられる。

　以上，馬政計画第二期の種馬共進会は，陸軍の干渉を受けなくなったものの，その実態は第一期の産馬共進会とほとんど変わらなかった。では同時期に新たに開始された役馬共進会はどうであったのか。この点を次節で検討す

**表補-7　階層別受賞者数・受賞回数（秋田県種馬共進会）**

1) 階層別受賞者数とその職業

| 階層（国税納付額） | 受賞者数 | 職業 |
|---|---|---|
| ①地租 500 円以上 | 11 | 貸金 5，貸金醤油 1，農業・地主 4，同一家族 1 |
| ②地租 100 円以上 500 円未満 | 16 | 農業・地主 10，貸金 2，貸金荒物 1，酒造貸金 1，同一家族 2 |
| ③地租 15 円以上 100 円未満 | 49 | 農業・地主 40 名，貸金 2，請負土木 1，小間物 1，呉服洋品雑貨 1，同一家族 3 |
| ④地租 15 円未満，営業税・所得税 15 円以上 | 5 | 酒類 2，牛馬 1，貸金 1，貸金薪炭 1 |
| ⑤国税 15 円未満 | 97 | （農業） |

注：同一家族とは，より多額の国税納付者が家族内にいたものを指す。

2) 階層別受賞内訳

| 階層 | 受賞者数 a. 人数 | a/178 名 | 受賞回数 b. 回数 | b/255 回 | 1人当受賞回数 (b/a) | 等級内訳 1等 | 2等 | 3等 |
|---|---|---|---|---|---|---|---|---|
| ① | 11 | 6.2% | 20 | 7.8% | 1.8 | 2 | 10 | 8 |
| ② | 16 | 9.0% | 42 | 16.5% | 2.6 | 5 | 11 | 26 |
| ③ | 49 | 27.5% | 64 | 25.1% | 1.3 | 6 | 14 | 44 |
| ④ | 5 | 2.8% | 10 | 3.9% | 2.0 | 2 | 4 | 4 |
| ⑤ | 97 | 54.5% | 119 | 46.7% | 1.2 | 7 | 38 | 74 |
| 計 | 178 | 100.0% | 255 | 100.0% | 1.4 | 22 | 77 | 156 |

出典：渋谷隆一編『都道府県別資産家地主総覧』秋田編，日本図書センター，1988 年。及び『秋田県畜産組合事業報告書』各年より作成。

る。

## 第 4 節　馬政計画第二期の共進会その 2 ── 秋田県輓用役馬共進会

### 1) 概況

次に馬政計画第二期に開始された役馬共進会についてみる。秋田県におけ

表補-8　秋田県輓用役馬共進会の概況

| 年次 | 1929年 | 1930年 | 1931年 | 1932年 | 1933年 | 1934年 | 1935年 |
|---|---|---|---|---|---|---|---|
| 出陳数 | 90 | 60 | 60 | 90 | 90 | 90 | 90 |
| 受賞数 | 55 | 30 | 30 | 45 | 45 | 45 | 45 |
| 1等 | 5 | 2 | 2 | 3 | 3 | 3 | 3 |
| 2等 | 8 | 6 | 6 | 9 | 9 | 9 | 9 |
| 3等 | 12 | 12 | 12 | 18 | 18 | 18 | 18 |
| 4等 | 30 | 10 | 10 | 15 | 15 | 15 | 15 |
| 観客数 | 1.5万 | 1万 | 2.5万 | 3万 | 2.7万 | 2.5万 | 2.6万 |

注：1931-33年と35年は種馬共進会と共催。
出典：表補-6に同じ。

る役馬共進会は，1923年に平鹿郡種牛馬区[19]で行なわれた育成輓馬共進会を嚆矢とする。同共進会は第7回（1929年）以降，県畜産組合主催の秋田県輓用役馬共進会へと改められ，畜産奨励規則の適用を受けることとなった。以下，馬政計画第二期に行なわれた7開催（第7-13回，1929-35年）を対象として受賞者の内訳を分析する。

上記7回の秋田県輓用役馬共進会の概況を，表補-8にあげた。7回合計の出陳数は570，受賞数は295，1回当たりの平均は出陳数81.4，受賞数42.1であった。先にみた種馬共進会（1回平均出陳数60.7，受賞数30.5）よりも，やや規模が大きかったことが分かる。また組合員数3万2472名に対する受賞数295の割合は，7年間で0.9％となり，種馬共進会（13年間で1.2％）を若干上回っているが，それでも受賞の確率が極めて低かったことには変わりない。

同共進会の大きな特徴として，審査対象が現役の役馬ではなく，育成中の役馬に限定されていたことがあった[20]。このため上記出陳馬570頭の内訳を

---

19) 種牛馬区とは，秋田県畜産組合が所有した種牛馬を派遣する際の地区割のことを指す。同県では県単位の畜産組合であったため，他県の郡単位畜産組合に相当する機能を有した。

20) 「仰も本会の目的とする所は生産事業の延長たる意味に於て幼駒に育成調教を加へ以て本県産馬の真価を発揚するにあり，之れ各地に於て行なはれつゝある役馬共進会に

みると，年齢別では3歳195・4歳168・5歳142・6歳65，性別では騙馬507・牡60・牝3と，3-5歳の騙馬が圧倒的多数となっている。同じ理由から，受賞馬の出陣者の住所は，県内の育成地であった平鹿郡・雄勝郡，及び両郡に隣接する馬産地であった仙北郡の3郡に限られていた。開催地はすべて平鹿郡横手町の家畜市場であり，その時期は農閑期の7月下旬であった。また先述のように第9回（1931年）からは種馬共進会との共催となっており，その影響からか，同開催以降には観客数が大きく増加している。

### 2）受賞者の内訳

前節でみた種馬共進会と同様，役馬共進会の受賞者と『名鑑』の国税15円以上納付者を以下に比較する。前掲7回の受賞数295のうち，賞金を獲得した3等以上の受賞数は185，その複数回受賞を除いた受賞者の実数は143名であった。この143名を先に示した階層区分に当てはめると，表補-9のようになる。

まず階層別受賞者数とその職業について。先の種馬共進会と比べると，⑤国税15円未満の割合が大幅に高くなっており，また職業では貸金業や商業があまりみられない。使役馬の育成が農家の副業として行なわれていたことの表われと考えられる。

次に階層別受賞内訳について。上記の受賞者数と同様，受賞回数の分布も種馬共進会と比べて国税納付額の低い層⑤にまで拡がっており，また受賞者1人当たりの受賞回数はどの階層でも同程度となっている。その一方，等級内訳には偏りがみられ，1,2等受賞のほとんどが③⑤といった低額納税者（小土地所有者）層に占められている。以上のことから，この時期に開始された役馬共進会では，第一期の産馬共進会や同時期の種馬共進会と比べて，下層

---

対し本会の特色ある所以なりとす」（第7回審査報告）

**表補-9** 階層別受賞者数・受賞回数（秋田県輓用役馬共進会）

1）階層別受賞者数とその職業

| 階　層（国税納付額） | 受賞者数 | 職　業 |
|---|---|---|
| ①地租 500 円以上 | 5 | 農業・地主 2，貸金 1，貸金・呉服太物 1，同一家族 1 |
| ②地租 100 円以上 500 円未満 | 3 | 農業・地主 1，貸金 1，酒造貸金 1 |
| ③地租 15 円以上 100 円未満 | 25 | 農業・地主 23，牛馬 1，同一家族 1 |
| ④地租 15 円未満，営業税・所得税 15 円以上 | 1 | 牛馬 1 |
| ⑤国税 15 円未満 | 109 | （農業） |

2）階層別受賞内訳

| 階層 | 受賞者数 a. 人数 | a/143 名 | 受賞回数 b. 回数 | b/185 回 | 1人当受賞回数 (b/a) | 等級内訳 1等 | 2等 | 3等 |
|---|---|---|---|---|---|---|---|---|
| ① | 5 | 3.5% | 7 | 3.8% | 1.4 | 0 | 1 | 6 |
| ② | 3 | 2.1% | 3 | 1.6% | 1.0 | 0 | 0 | 3 |
| ③ | 25 | 17.5% | 32 | 17.3% | 1.3 | 7 | 9 | 16 |
| ④ | 1 | 0.7% | 1 | 0.5% | 1.0 | 0 | 1 | 0 |
| ⑤ | 109 | 76.2% | 142 | 76.8% | 1.3 | 14 | 45 | 83 |
| 計 | 143 | 100.0% | 185 | 100.0% | 1.3 | 21 | 56 | 108 |

出典：表補-7に同じ。

の農家にまで受賞者の範囲が拡大されたといえる。ただし先にみたように，その受賞の確率は他の2つと同様に極めて低かった。役馬共進会は，国から賞金を下付される農家の範囲を拡げたが，それを受けられる可能性は依然として低いままだったのである。

## 小括

本章では第一次馬政計画における馬匹共進会制度について検討した。以下にその内容を整理したい。

まず馬政計画第一期には，馬政局によって産馬奨励規程が制定されたことで，各地の産馬共進会の受賞者に対して国から高額な賞金が下付されるよう

になった。ただしその審査の過程には陸軍関係者が介入し、受賞の対象は種馬候補馬に限られていた。この時期の共進会制度は、軍主導の馬匹改良に必要な種馬の保護奨励に留まっていたのである。またそうした政策対象の狭さから、共進会で賞金を得られたのは牧場経営や一部の大規模馬産農家に限られていた。

次に馬政計画第二期には、新たに馬政主管となった農林省畜産局が一般畜産と同じく畜産奨励規則によって共進会を補助するようになった。同規則による種馬共進会では、第一期の産馬共進会と同様に受賞対象が種馬候補馬のみに限定され、受賞者（賞金獲得者）の多くがそうした馬の生産に適合的な資本に富む大規模農家であった。一方、新たに開始された役馬共進会では、農事の傍らで育成を行なうような資本に乏しい小規模農家にまで受賞者の範囲が拡大されたものの、受賞できる確率は種馬共進会とほとんど変わらない低さであった。

以上のように、馬政主管の移動と共進会制度の改正によって、馬匹共進会の受賞者に対して国から高額の奨励金が下付されるようになり、またその範囲が上層農家から下層農家にまで拡大されたものの、受賞の確率に関しては一貫してごく僅かに留まっていた。国内馬全体を軍馬資源化するという政策目標と、「総ての生産者、育成者に均霑」しない保護奨励政策という矛盾は、馬政計画第一期・第二期を通じて解消されずに終わったのである。

終章

# 総括と展望

## 第1節　第一次馬政計画期の東北産馬業

　本書を締めくくるにあたり，この節では第2章から第5章及び補章で明らかにした内容を，各章で論じたテーマ相互の関連性に重点を置きながら確認しておきたい。

　①アメとムチによる馬匹改良政策
　まず馬政計画第一期（1906-23年）は，軍馬を主眼とした馬匹改良が急速に進展した時期であった。第2章では，それが馬産地においてどのように実現されたのかを，東北馬産の中心地であった青森県上北郡を対象として考察した。そこで明らかとなったのは，馬産地における馬匹改良政策は，①種牡馬制度による生産規制と，②セリ市場における国・軍の高額購買（特に軍馬購買）による利益誘導の2つを中心としていたことである。前者は，種牡馬検査法によって民間の在来種種牡馬の供用を禁止すると同時に，軍の目指す馬匹改良にそくした国有種牡馬を馬産農家に供給したことを指す。また後者は，セリ市場において陸軍が平時部隊保管馬を一般馬価格より高額で買い入れることにより，馬産農家を改良馬生産に誘導していたことを指す。前者が生産手段（種牡馬）の制限というムチの役割をもったのに対し，後者はその強制的側面を経済的に緩和するアメの役割を果たし，両者が連動することによって，急速な馬匹改良の進展が可能とされたのであった。

　ただし上記の政策は，馬産農家の間引きを伴わざるを得なかった。上記2つの施策は，馬産に対する国家資本の投入局面であったが，それゆえに予算の制約を受け，すべての馬産農家に均霑することは不可能であった。また同時期の東北地方では林業との競合下，馬産の基盤となる牧野が全体的に不足しており，これも旧来の馬産農家すべてを馬匹改良の担い手として存続させられない要因となった。こうしたことから，上記政策による馬産の保護・奨

励は，階層的には短期的な馬匹改良が可能な優等牝馬を有した上層馬産農家，地域的には牧野が比較的多く残されている地方の農家に偏らざるを得なかったのである。一方，上記の条件を満たさない馬産農家は，保護・奨励政策の恩恵を受けられず，生産からの離脱を余儀なくされていった。当該期における急速な馬匹改良の進展は，こうした旧馬産地における生産減少と引き換えに実現されたのである。

②馬匹改良政策の限界性

一方，第3章では，上記の馬匹改良政策が破綻した事例として，馬政計画第一期末期における秋田県の重種流行について検討した。大正好況期（1916-20年）には，都市運搬馬需要を背景として重種系馬の価格が高騰し，それを受けて秋田県では重種系馬の生産が一気に拡大した。この重種流行に対し，軍馬として速力に富む運搬馬を求めた陸軍は中間種系馬の生産を奨励したものの，その拡大を阻止することが出来なかったのである。この事例分析を通じて，馬匹改良政策がもった次の2つの限界性が明らかとなった。

1つは，軍馬購買による利益誘導が，重種流行のような急激な民間購買力の上昇への対応力を欠いたことである。軍馬購買事業は年度単位の予算に制約されたため，重種流行のような市場の急変へ柔軟に対応することが出来なかったのである。またそれは，市場全体の数％程度に過ぎない軍馬購買によって，馬産農家を軍馬生産に縛り付けることの限界性を示すものでもあった。もう1つは，種牡馬制度による生産規制が，（重種のように）軍用に不向きでも体格制限を満たす種牡馬に関しては，その利用拡大を阻止出来なかったことである。種牡馬検査法が制定された当時は，体格の矮小な在来種種牡馬を淘汰することが最優先とされていた。その中では重種流行のような民間の特需によって，軍の改良方針に反する洋雑種種牡馬が増加することは想定されてなかったのである。

ただしこうした破綻現象は，大正好況期の秋田県という時期的にも地域的

にも限定されたものであり，全面的に拡大するには至らなかった。とはいうものの，この事例の存在は，軍需を第一義として民需を軽視した馬匹改良が急速に進展した背後に，多くの問題や矛盾が存在したことを示唆している。

③馬の利用をめぐる軍・農の対立

馬政計画第二期（1924-35 年）は，②で垣間見られた軍需と民需（主に農）との対立が顕在化した時期であった。同時期の陸軍は，総力戦に向けた準備として以前より多くの軍馬資源（特に運搬用の輓馬・駄馬）を必要とするようになった。一方，農の側では経済意識の高まりに伴い，馬の生産・飼養に関する収支改善が求められるようになった。軍馬資源となる改良馬を農家に飼養させたい軍の要求と，馬に関するコストやリスクを下げたい農の要求が鋭く対立することとなったのである。

こうした軍・農の対立について，第 4 章では馬の使役農家を対象とする分析を行なった。まず同時期に馬政主管となった農林省畜産局は，「国防上及経済上ノ基礎ニ立脚」した馬の需要を創出する，という馬政方針を打ち出した。改良馬を農馬として飼養出来る経済的条件を整えれば，軍・農双方の要求を同時に満たすことが出来ると考えたのである。またそれを実現するため，畜産局は使役農家に対して，馬の利用を増進することを奨励した。改良馬のコスト（購入費・飼養費）と釣り合うように，使役収入（馬の労働対価）を増加させようとしたのである。ただし利用増進を効果的に行なうには一定以上（概ね 3 町歩以上）の経営規模が必要であり，その方法で馬に関する収支を改善出来たのは大規模農家に限られていた。利用増進の奨励は，一部の上層農家において上記の馬政方針を実現したものの，量の確保という点では軍の要求に対応出来なかったのである。

一方，使役農家の大多数を占めた小規模農家（東北地方ではその平均経営規模であった 1.5 町歩前後）は，利用増進とは反対の方向による収支改善を目指していった。馬の利用機会が少ない小規模農家では，利用増進によって改良

馬を経済的に飼養することが困難であった。このためコストの低い小格馬を飼養し，支出を削減することで収支を改善しようとしたのである。ただし上述の種牡馬制度によって小格馬の供給が封じられていたため，小規模農家は自らの望んだ小格馬を入手することが出来なかった。その一方，東北地方では農家経営上，役畜として馬が不可欠であったため（特に代掻き），小規模農家は経済的に不満を抱きつつも，改良馬を飼養することを余儀なくされた。この時期の使役農家を対象とした軍馬資源政策は，使役収入という自家経営内の（見かけ上の）収入増加を奨励するのみに留まっていたものの，東北地方の農業条件に助けられる格好で辛うじて，軍馬資源の確保が実現されたのである。

④馬の生産をめぐる軍・農の対立

また第5章では前述の軍・農の対立について，馬産農家を対象とする分析を行なった。馬産農家の動向は，昭和恐慌（1929年）・東北冷害（1931年）を境として，それ以前の1920年代と以後の1930年代で大きく異なっていた。

まず1920年代の東北馬産農家は，軍馬に向けた改良馬生産から，農馬に向けた小格馬生産への転換を図った。平時軍馬需要の減少や馬価格の低下によって前者のリスクが上昇したことを受け，売却価格は低くても販路の広い後者によって経営収支を安定化することを望んだのである。これは③の使役農家の要求と合致した動きであったが，その転換は馬政計画第一期から継続された種牡馬制度によって阻止され，ほとんど進展せずに終わった。小格馬の生産には体格の小型な種牡馬が必要であったが，そうした種牡馬は軍馬生産に適さないものとして，供用が禁止されていたからである。以上のように小格馬生産への途を閉ざされた結果，馬産農家の中には馬産を行なわないものが現われ，そうした農家では農耕利用を高めることによって繁殖利用の減少を相殺するという対応がみられた。

一方，1930年代の東北馬産農家は，馬産（特に軍用向けの改良馬生産）によ

る経済更生を図った。恐慌・冷害による耕種部門の不振から馬利用機会が減少したため、また同部門に代わる現金収入源として、馬産が再び取り上げられたのである。こうした馬産農家の変化に対し、農林省は時局匡救事業を中心として馬産の保護政策を強化したが、それらの政策は一時的な助成金投下に留まり、1920年代から続いた馬産収支の不均衡を根本から改善するものではなかった。そこで注目されたのが、陸軍の軍馬購買事業である。恐慌・冷害により冷え込んだ農馬需要に対し、軍馬購買事業には不況に左右されない購買力があり、特に満州事変の勃発はその需要増加を期待させた。予算の制約による同事業の価格弾力性の乏しさは、好況期には馬価格の高騰に対応できないという欠点となったものの（第3章）、不況期には価格下落に左右されないという利点となったのである。しかしこの時期における実際の軍馬購買事業は、満洲事変に向けて即戦力となる壮馬を中心に行なわれ、馬産農家は軍馬生産による経済更生を実現することが出来なかった。

　以上のように、馬政計画第二期の東北馬産農家は、絶えず自らの生産方針と軍馬政策とのズレに振り回されていた。そのズレは、同時期における軍馬政策が、軍馬購買による利益誘導性を失ったにもかかわらず、種牡馬制度による生産規制のみによって推し進められたことに起因する。いわば、計画第一期が2つの施策による両輪走行であったのに対し、第二期はその一方を欠いた片輪走行の状態にあったのである。ただしその期間の短さと、恐慌・冷害という偶発的条件が、軍馬政策の決定的な破綻を回避させたのであった。

⑤馬匹改良政策における目標と実態の乖離

　また補章では、第一次馬政計画における馬匹共進会制度について検討した。同計画第一期には、産馬奨励規程の制定により、各地の産馬共進会に対して国から賞金と開催補助費が下付されるようになった。ただし、その受賞の対象は馬匹改良に用いられる種牡牝馬の候補馬に限られ、それゆえ賞金を得られたのは牧場経営や一部の大規模馬産農家に留まっていた。次に同計画

第二期には，一般畜産と同じく畜産奨励規則によって共進会の補助が行なわれた。そのうちの種馬共進会では，第一期の産馬共進会と同様に種牡牝馬の候補馬のみに助成が限定されていた。一方，同時期に開始された役馬共進会では，資本に乏しい小規模の馬飼養農家にまで奨励範囲が拡大されたものの，それでもなお共進会で受賞して賞金を得られたのはごく僅かな割合の農家に過ぎなかった。いずれの種類の共進会においても，国から賞金が下付されたのは一部の農家に留まっており，国内馬全体を軍馬資源化するという政策目標と，すべての馬飼養農家に均霑しない保護奨励政策という矛盾は，全期を通じて解消されなかったのである。

## 第2節　近代産馬業の全体像

### 1）軍・農・馬政の時期的変化

　次に上記の内容を，序章で設定した2つの課題にそくしてまとめたい。

　まず1つめの課題，第一次馬政計画期（1906-35年）の産馬業に関する3つのアクター，すなわち軍・農・馬政がそれぞれどのような時期的変化を辿ったのかを，以下順に整理する。

　第一に，軍の変化について。第一次馬政計画期を通じて，軍の究極的目標は国内馬全体を軍馬資源化することにあった。しかしその具体的要求は，第一次世界大戦を挟んだ計画第一期（1906-23年）と第二期（1924-35年）で大きく異なる。まず日露戦争後から第一次世界大戦までの第一期には，当時の陸軍編成が騎兵中心であったため，軍用乗馬の確保に力点が置かれていた。乗馬産地である青森県上北郡が，軍馬資源確保の中心地とみなされた所以である。これに対して第二期には，第一次世界大戦を教訓として陸軍の軍馬需要のあり方に変化が生じた。第一に，火器類の発達や自動車・戦車の登場に

よって，騎兵戦の重要性が大幅に低下した。第二に，より重要な変化として，総力戦化に伴って戦時に必要とされる軍馬頭数が増加した。出来るだけ多くの物資・人員を動員することが要諦とされた総力戦では，それを支える運搬手段の確保が必要とされた。しかし輸送の全面機械化に必要とされた自動車と石油が確保出来なかったことや，予想戦場となる中国大陸では悪路が多いために自動車の運用が困難であったことなどが制約となり，当時の陸軍は陸上輸送の大部分を馬に依存せざるを得なかったのである。以上の点から，計画第二期には運搬馬（輓馬・駄馬）を中心として，第一期よりも多くの軍馬資源を確保することが必要とされた。一見，陸軍近代化と逆行する軍馬政策が第一次世界大戦後に継続された背景には，こうした理由が存在したのである。

　第二に，農の変化について。第一次馬政計画期を通じた変化として，馬耕の普及があげられる。明治初期に東北地方へ導入された馬耕技術は，馬政計画初年（1906 年）の段階では未だ低い普及率にあったが，同計画による馬匹改良の進展と並行して本格的な普及が進み，その末年には全国平均と遜色ない普及率に達した。この馬耕の普及と馬匹改良をめぐっては経済性と技術性の問題が交錯していたが（序章第 2 節 2），本書ではそうした中で実際に馬を飼養する農家がどのような経営判断と選択を行なったのか，に焦点を当ててきた。まず馬産農家に関しては，馬産部門経営の悪化を契機として馬耕が導入される場合が多かった（第 2，5 章）。馬匹改良政策によって生産手段（種牡馬）を制限され，またリスクの高い改良馬生産を強要されたことで馬産を行なわなくなり，その際に繁殖牝馬の遊休化を避けるため，耕種部門における利用を拡大したのである。また使役農家に関しては，馬匹改良による農馬の高コスト化が最大の問題とされていた（第 4 章）。その中で，改良による農馬の大型化が馬耕を容易にしたという見解は，管見の限り，農家自身から発せられていない。上記の見解は，農家に改良馬を飼養させようとした馬政当局や軍が盛んに宣伝したものであり，従来の研究では両者が混同されていたと考えられる。実際の農家は，馬耕の普及と馬匹改良の関係を，技術性よりも

経済性の点から専ら問題としていたのである。

　こうした馬の経済性が一層問題として取り沙汰されたのが，馬政計画第二期であった。同時期には自給経済色の強かった東北地方にも商品経済が浸透し，農家経営の合理化が盛んに叫ばれるようになった。その中で馬に関しては，軍需に向けた改良馬を生産・利用することに対して「馬産は破産」「馬は不経済」といった認識がなされ，馬産農家と使役農家（特に小規模農家）の双方が軍需に反した小格馬を望むようになったのである。ここに民需を基礎とした産馬業が成立する可能性があった。ただし恐慌と冷害の発生が，その可能性を失わせた。使役農家が小格馬の要求を更に強めた一方で，馬産農家はより多くの現金収入を求めて軍馬に向けた改良馬生産へ復帰していったのである。

　第三に，馬政の変化について。馬政は上記のような軍・農の要求（とそれらの変化）を調整する立場にあったが，結論を先にいえば，常に軍の要求の方が優先されていた。まず計画第一期には，馬政主管が陸軍内（陸軍省馬政局）に置かれたことで，軍の意向が馬政上にストレートに反映された。同時期における産馬政策の重点が馬産部門に置かれていたことは，その表われといえる。軍馬資源となる改良馬を出来るだけ短期間に造成することが優先され，その改良馬の維持，すなわち使役部門に対する保護・奨励は二の次とされたのである。ただし軍の主導性が発揮されたことで，馬産に関しては他の畜産よりも早期よりかつ手厚く保護・奨励がなされたという側面も存在する。それが端的に表われたのが，他の畜産に先駆けて整備され，また高額の賞金が国から下付された馬匹共進会制度であった（補章）。

　一方，計画第二期には，再び馬政主管が農商務省（農林省）内へと戻された。この背景には，軍縮によって馬政主管を手放さざるを得ない陸軍と，馬政主管を吸収することで農林省内における権益を拡大したい畜産行政の思惑が一致したことがあった（農務局畜産課から畜産局への昇格）。この馬政主管の移動によって，馬政のバランスは軍の側から農の側に引き戻されたかにみえ

たが，実際には依然として軍の側に傾いていたといえる。畜産局は「国防上及経済上ノ基礎ニ立脚」という軍・農を並記した馬政方針を掲げたものの，実際に行なったのは，改良馬を農馬として飼養出来る経済的条件を整えさせるために，馬の利用増進を奨励したことのみであった。軍の要求である改良馬を前提として，それに農の実態を強引に合わせようとしたに過ぎなかったのである。

## 2) 軍・農・馬政の相互関係

次にもう1つの課題，上記3者がどのような相互関係にあったのかについて，軍と農，軍と馬政，農と馬政の順に整理したい。

第一に軍と農との関係について。序章では通説的見解をもとにして，馬産部門においては協調関係，使役部門においては対立関係にあったと述べた。しかし本書で行なった経営階層分析からは，次のように整理することが可能である。まず馬政計画第一期の馬産部門に関しては，中規模以上の経営が馬匹改良の担い手として政策的に保護された一方，零細経営は種牡馬という生産手段を奪われて馬産という副業機会を失うこととなった。同計画第二期の馬産経営階層については考察できなかったが，馬価格が大きく変動した中で馬産経営を続けられたのは，その変動に対する経済的耐久力をもった上層経営に偏っていたと考えられる。また使役部門に関しては，一部の大規模農家が軍用向け改良馬を経済的に飼養し得る経営条件を有したものの，大多数を占める小規模農家は「馬は不経済」と認識しつつ，それを飼養することを余儀なくされた。以上のことから，第一次馬政計画期における馬匹改良と軍馬資源確保は，馬産部門・使役部門のどちらに関しても，大規模経営とは協調関係にあったのに対し，小規模零細経営とは対立関係にあったとまとめることが出来よう。これまでの研究では，馬産部門に関しては中規模以上の経営，使役部門に関しては小規模経営がそれぞれ主に論じられ，上記のような経営

階層の違いが明確に意識されてこなかったのである。

　第二に軍と馬政の関係については，馬政計画第一期と第二期で異なる特徴がみられた。まず第一期においては，軍が馬政主管を掌握したことで，軍の理想とする産馬政策が行なわれた。その内容とは，先述のように馬匹改良の実現を最優先として，馬産部門に重点を置いたものであった。極論すれば，軍馬資源となる改良馬を創出することのみが課題とされ，それが農家にとって経済的に見合うか否かは全く考慮されていなかったのである。このように自らの要求のみを押し付け，政策対象となる農民の立場を顧みないというのが，軍の馬政に対する基本姿勢であった。またこの第一期において残された課題，すなわち造成された改良馬を農馬としていかに経済的に飼養させるかは，計画第二期において新たに馬政主管となった農林省畜産局へと引き継がれた。ただし先述のように，畜産局も農からの要求を重視した政策を行なうことが出来なかった。その背景には，「農馬即軍馬」という馬の2面性を利用した軍の間接的な干渉があった。同時期の陸軍は，軍縮によって軍馬予算が削減された一方，総力戦に向けて従来以上に軍馬資源を必要とするようになった。このため陸軍は，自ら行ない得なくなった軍馬資源確保に関する政策を，農馬の保護・奨励という名目を利用して，畜産局に行なわせたのである。軍馬と農馬が不可分の関係にあったことが，産業費を軍事目的に用いることを可能としたといえよう。従来の研究では，平時部隊保管馬の削減を根拠として，馬（軍馬）が軍縮の象徴的事例として扱われてきたが，上記の点からはむしろ軍縮を最も巧妙に回避したものとして捉えられよう。

　第三に，農と馬政の関係については，馬政計画第二期に最も強く表わされている。同時期に新たな馬政主管となった農林省畜産局には，第一期に軍主導によって造成された改良馬を，生産者・飼養者である農家の要求を受け入れつつ，維持することが求められた。ここで畜産局は，先述のように軍と農の要求の折衷案として，改良馬の利用増進プランを農家に対して提示したのであるが，それは馬産農家・使役農家（特に小規模農家）の双方から拒否され

た。それどころか，軍の要求に反する小格馬を生産・飼養するという要求を，農の側から突き付けられたのである。ここに軍の要求と農の要求に板挟みとされた馬政の苦況をみるとともに，双方の要求に同時に応えることが極めて困難であった様子を窺うことが出来る。また農からの小格馬要求の実現を阻止したのは，先の時期に軍主導で整備された種牡馬制度であったが，その改正に至らなかったことも，同時期馬政の性質を強く示している。その理由の1つは上述した軍の間接的な干渉であったが，もう1つの理由として畜産局内の部局対立があげられる。農林省畜産局は，従来の馬政主管であった陸軍省馬政局と他の畜産行政主管であった農商務省畜産課が合流する形で設置された。軍の意向を重視する前者の系譜が，農家に改良馬を飼養させることを主張したのに対し（改良馬論），馬以外の畜産を重視する後者の系譜は，牛を飼養させることを主張していた（牛論）。両者が自らの主張に固執したことによって，小格馬を必要とする農の要求（小格馬論）は，その政策体現者を欠くこととなったのである[1]。

　以上のように，第一次馬政計画期の産馬業をめぐる関係は，通説的見解となっている軍馬政策の強行とそれに対する農の抵抗，といった単純な図式のみでは表わし切れない。上記のように軍・農・馬政の3者は時期によってそれぞれに変化しており，また3者のバランス関係は軍の主導性に貫かれながらも絶えず揺れ動いていたのである。

## 3）「馬」を通じた軍と農の結びつき

　上記2つの整理をもとに，「馬」という視点から近代における軍（戦争）と農（農業・農家経営）の関係について考察しておきたい。序章で述べたように，近代は戦争の影響を強く受け続けた時代であった。この点に関して，従来の

---

[1] 同時代の識者層の中には，そうした農民の要求を代弁し，軍馬と農馬を区分することを提唱したものもみられた（例えば，農学者の横井時敬や地方技師の竹中武吉など）。

研究の中では，1930年代初頭の農業恐慌を契機として軍と農が接近したことが強調されている。これに対し本書では，東北地方においてはそれ以前の時期から，「馬」を通じて軍の存在が農にとって身近であったことを明らかにしてきた。特に馬産を行なった場合には，市場における売り手・買い手として軍と直接的関係にあり，それは他の農産物にない「馬」の大きな特徴であった。恐慌・冷害下の東北馬産農家が陸軍に対して直接救済を求めたのは，そのような土壌があったからであろう。またこうした「馬」に関する前史が，上記のような1930年代における軍・農の結びつきを容易にしたのではないだろうか。

ただし軍・農の関係は，決して対等であったとはいえない。軍馬を主眼とした馬匹改良は，軍馬購買という僅かな撒き餌を除いて，農の要求を無視して強行された。またそうして造成された改良馬を農馬として飼養するための経済的補償は，ほとんど行なわれなかった。こうして軍の意向が一方的に貫徹された結果，東北地方の農家は小規模経営を中心として，馬を飼養する上で本来必要のない経済的負担を強いられることとなった。第一次馬政計画期における馬匹改良と軍馬資源確保は，そのような小規模農家の犠牲のもとで実現されたのである。またそうした犠牲があってこそ，戦時体制期における大量な軍馬動員が可能とされたのであった。以上のことから，「馬」に関しては戦時のみならず近代全期を通じて軍の主導性に貫かれていたといえよう。

最後に，残された課題を示すことによって本書の結びに代えたい。

第一に，戦時との繋がりについて。本書でみたような軍馬政策の限界性・脆弱性は，戦時中の政策強化によって大幅に克服されることとなった。また戦時には内地のみならず，帝国圏全体による軍馬資源の確保が図られるようになった。こうした軍馬政策の時期的な拡がり（戦前から戦時へ），及び地域的な拡がり（東北・北海道から外地・「満洲」へ）を意識しつつ，戦時体制下の

馬資源実態を明らかにすることが，残された第一の課題である[2]。

　第二に，東北開発論との関わりについて。これまでの東北経済史研究の中では，近代の東北地方は，「開発」「振興」という名のもと，中央に対する資源・電力・食料の供給基地として従属的に位置づけられ，自立的発展が妨げられていたと指摘されている[3]。そうした地域構造問題が改めて浮き彫りとなったのが，先の東日本大震災であり，福島第一原発事故であった。上記のような東北開発史の中に，本書の国家資本（軍）に強く依存した産業構造を余儀なくされた「馬」の事例は，どのように位置づけられるのか。この点について考察を深めることが，残された第二の課題である。

　以上2つを始めとして，「馬」を対象とする研究はまだこれからのものといえよう。

---

2) その一部として，日中戦争初期における馬の徴発と補充の実態，及び「満洲」に対する日本馬3万9千頭の移植について既に論じた（拙稿「戦時体制下における馬徴発実態 —— 農馬の徴発と補充の具体的様相」『農林業問題研究』第47巻第1号，2011年6月），及び同「日満間における馬資源移動 —— 満洲移植馬事業1939-44年」野田公夫編『日本帝国の農林資源開発 ——「資源化」と総力戦体制の東アジア』農林資源開発史論II，京都大学学術出版会，2013年，第3章）。
3) 岡田知弘『日本資本主義と農村開発』法律文化社，1989年，岩本由輝『東北開発120年』刀水書房，1994年（増補版2009年）など。

# 参考・引用文献一覧（著者名50音順）

## 1．先行研究

青森県史編さん近現代部会編『青森県史』資料編近現代2，日清・日露戦争期の青森県，2003年
─────『青森県史』資料編近現代3，「大国」と「東北」の中の青森県，2004年
秋田県『秋田県史』通史編第5巻明治編，1964年
─────『秋田県史』通史編第6巻大正・昭和編，1965年
秋田県畜産試験場編『七十年の歩み』秋田県畜産試験場，1989年
秋田県立農業講習所『明治・大正年代における秋田県農業普及史─普及の視点に立つた農業発達史─』1957年
安孫子麟「農業危機」（石野寛治・海野福寿・中村正則編『近代日本経済史を学ぶ』下巻，有斐閣，1977年，第Ⅲ部第3章）
安良城盛昭「日本地主制の体制的成立とその展開─明治30年における日本地主制の地帯構造を中心として─」上，中の1，中の2，下『思想』第574，582，584，585号，1972年4，12月，73年2，3月
嵐嘉一『犂耕の発達史─近代農法の端緒─』農山漁村文化協会，1977年
岩手県『岩手県史』第9巻近代篇4，杜陵印刷，1964年
岩本由輝『東北開発120年』刀水書房，1994年（増補版2009年）
─────「東北開発を考える──内からの開発・外からの開発」（東北学院大学史学科編『歴史のなかの東北──日本の東北・アジアの東北』河出書房新社，1998年，第7章）
馬の博物館・牛の博物館編『馬と牛』馬事文化財団，2006年
榎勇「北海道における馬産の変遷」『北海道農業研究』第18号，1960年3月
大江志乃夫『日露戦争の軍事史的研究』岩波書店，1976年
─────『天皇の軍隊』昭和の歴史3，小学館，1982年
大瀧真俊「近代馬匹改良政策と馬産地域の対応─青森県上北郡を対象にして─」『農業史研究』第37号，2003年3月
─────「軍需主導型近代馬政と馬産地域─秋田県における重種馬生産流行の分析─」『2004年度日本農業経済学会論文集』2004年11月
─────「戦間期における軍馬資源確保と農家の対応─「国防上及経済上ノ基礎ニ立脚」の実現をめぐって─」『歴史と経済』第201号，2008年10月
─────「戦間期における軍馬資源政策と東北産馬業の変容─馬産農家の経営収支改善要求に視点を置いて─」『歴史と経済』第209号，2010年10月
─────「戦時体制下における馬徴発実態─農馬の徴発と補充の具体的様相─」『農林業問題研究』第47巻第1号（大会特集号）2011年6月
岡田知弘『日本資本主義と農村開発』法律文化社，1989年

岡光夫「耕地改良と乾田牛馬耕―明治農法の前提―」（永原慶二・山口啓二編『農業・農産加工』講座日本技術の社会史第1巻，日本評論社，1983年）
小野征一郎「昭和恐慌と農村救済政策」（安藤良雄編『日本経済政策史論』下巻，東京大学出版会，1976年，第7章）

香月洋一郎『馬耕教師の旅―「耕す」ことの近代―』法政大学出版局，2011年
梶井功『畜産の展開と土地利用』梶井功著作集第6巻，筑波書房，1988年
河野通明『日本農耕具史の基礎的研究』和泉書院，1994年
神埼宣武編『馬と日本史4　近代』馬の文化叢書第5巻，馬事文化財団，1994年
岸英次「南部における馬産，及び馬産農業」（農業総合研究所積雪地方支所編『青森県農業の発展過程』農林省農業総合研究所，1954年，第6章）
木村久男・斎藤英策「畜産業の形成」（農業発達史調査会編『日本農業発達史』第5巻，中央公論社，1955年，第6章）
郷右近忠男『海を渡った軍馬の昭和史―聞き書き―』創栄出版，1999年
楠本雅弘編『農山漁村経済更生運動と小平権一』不二出版，1983年
工藤祐『写真集 明治大正昭和 十和田』国書刊行会，1980年
栗原藤七郎編『日本畜産の経済構造』東洋経済新報社，1962年
黒沢文貴『大戦間期の日本陸軍』みすず書房，2000年
黒野耐「大正軍縮と帝国国防方針の第二次改定」『日本歴史』第599号，1998年4月
桑田悦「「旧日本陸軍の近代化の遅れ」の一考察―第一次大戦直後の日・仏歩兵操典草案の比較と「火力戦闘の主体論争」を中心として―」『防衛大学校紀要』第34号，1977年3月
軍馬補充部三本木支部創立百周年記念実行委員会編『軍馬のころ―軍馬補充部三本木支部創立百周年記念誌―』1987年
纐纈厚『総力戦体制研究』三一書房，1981年
小松明徳『畜産学各論』養賢堂，1954年
近藤康男『転換期の農業問題』日本評論社，1939年
────『農業経済調査論』近藤康男著作集第6巻，農山漁村文化協会，1974年

崎山耕作「昭和農業恐慌の歴史的位置」（狭間源三編『講座・日本資本主義発達史論』第3巻，日本評論社，1968年）
澤崎坦『馬は語る―人間・家畜・自然―』岩波書店，1987年
────「21世紀の幕開けに「馬政計画」を回顧する」『ヒポファイル』第11号，2001年8月
七戸町史刊行委員会編『七戸町史』第3巻，七戸町，1985年
清水浩「牛馬耕の普及と耕耘技術の発達」（農業発達史調査会編『日本農業発達史』第1巻，中央公論社，1953年，第4章）
須賀豊編『人と動物の日本史3　動物と現代社会』吉川弘文館，2009年
杉本竜「日本陸軍と馬匹問題―軍馬資源保護法の成立に関して―」『立命館大学人文科学

研究所紀要』第 82 号，2003 年 12 月
─────「戦前期地方競馬に関する一考察─昭和七年大分県の事例から─」『日本歴史』第 666 号，2003 年 11 月
須々田黎吉「明治農法形成における農学者と老農の交流（1）」『農村研究』第 31 号，1970 年
須永重光・菅野俊作『岩手県山麓における畜産業と牧野利用の経済構造─岩手県松尾村調査報告─』東北大学農学研究科農業経済研究室，1957 年
須永重光『日本農業技術論』御茶の水書房，1977 年
戦後日本の食料・農業・農村編集委員会編『戦時体制期』農林統計協会，2003 年
外山操・森山俊夫編『帝国陸軍編制総覧』芙蓉書房出版，1987 年

高橋泰隆「日本ファシズムと満州分村移民の展開─長野県読書村の分析を中心に─」（満州移民史研究会編『日本帝国主義下の満州移民』龍溪書舎，1976 年，第 4 章）
武市銀治郎『富国強馬─ウマからみた近代日本─』講談社，1999 年
丹治輝一「駄載運搬用馬具と馬追いについて─道南渡島・檜山地方の調査から─」『北海道開拓記念館調査報告』第 40 号，2001 年 3 月
─────「土産馬・駄載運搬・馬追いの仕事─土谷福次郎氏聞書き─」『北海道開拓記念館調査報告』第 41 号，2002 年 9 月
千葉五郎監修・松田実編『関東地方通運史』関東通運協会，1964 年
「天間林村史」編纂委員会編『天間林村史』下巻，天間林村，1981 年
土井全二郎『軍馬の戦争─戦場を駆けた日本軍馬と兵士の物語─』光人社，2012 年
苫米地勇作『軍馬補充部に於ける農場経営と作業』1983 年
十和田市史編纂委員会編『十和田市史』上・下巻，十和田市，1976 年

西村卓「明治期における牛馬耕の導入と普及─長野県を事例として─」『農業史研究』第 29 号，1996 年
中澤克昭編『人と動物の日本史 2 歴史のなかの動物たち』吉川弘文館，2009 年
日本中央競馬会編・発『農村における人と馬とのかかわりあいに関する研究 農用馬にかかわる歴史』1988 年
日本農業研究所編『石黒忠篤伝』岩波書店，1969 年
農文協編『畜産総論・馬』農山漁村文化協会，1983 年
農林省畜産局編『畜産発達史』本篇・別篇，中央公論事業出版，1966，67 年
農林大臣官房総務課編『農林行政史』第 3 巻，農林協会，1958 年
野口雅雄『日本輸送史』交通時論社，1929 年
野田公夫編『農林資源開発の世紀─「資源化」と総力戦体制の比較史─』農林資源開発史論 I，京都大学学術出版会，2013 年
─────編『日本帝国圏の農林資源開発─「資源化」と総力戦体制の東アジア─』農林資源開発史論 II，京都大学学術出版会，2013 年

馬事文化財団馬の博物館編『WORKING HORSES―働く馬―』馬事文化財団，2002年
秦郁彦「軍用動物たちの戦争史」『軍事史学』第43巻第2号，2007年9月
波多野澄雄・戸部良一編『日中戦争の軍事的展開』日中戦争の国際共同研究2，慶應義塾大学出版株式会社，2006年
林田重幸『日本在来馬の系統に関する研究―特に九州在来馬との比較―』日本中央競馬会，1978年
菱沼達也『日本畜産論―農家の経営条件と畜産形態―』農山漁村文化協会，1962年
平賀明彦『戦前日本農業政策史の研究 1920-1945』日本経済評論社，2003年
藤原彰『日本軍制史』上巻戦前篇，日本評論社，1987年
北海道馬産史編集委員会編『蹄跡つめあと』1983年
北海道立総合経済研究所編・発『北海道農業発達史』上・下巻，1963年

松尾幹之『畜産経済論』御茶の水書房，1963年
松田実『関東地方通運史』関東通運協会，1964年
松本貞夫・安藤義雄編『日本輸送史』日本評論社，1971年
三澤勝衛『地域からの教育創造』三澤勝衛著作集第2巻，農山漁村文化協会，2009年
南相虎『昭和戦前期の国家と農村』日本経済評論社，2002年
宮坂悟朗『畜産経済地理』叢文閣，1936年
森田敏彦『戦場に征った馬たち―軍馬碑からみた日本の戦争―』清風堂書店，2011年
森武麿『戦時日本農村社会の研究』東京大学出版会，1999年

山形県『山形県史』本編6 漁業編・畜産業編・蚕糸業編・林業編，1975年
山田朗『軍備拡張の近代史』吉川弘文館，1977年
横井時敬『畜産経済』子安農園出版部，1920年
吉田裕ほか『戦場の諸相』岩波講座アジア・太平洋戦争第5巻，岩波書店，2006年

## ２．資料

青森県『青森県畜産要覧』1912年
青森県教育委員会編『むつ小川原地区民族資料緊急調査報告書』第1.2次，1974年
青森県産馬組合連合会『青森県産馬要覧』1927，31，36年
青森県立図書館・青森県叢書刊行会『明治前期に於ける畜産誌』1952年
秋田県『秋田県史』資料明治編上，明治編下，大正・昭和編，1980年
秋田県営林局『牧野に関する調査（二）』1937年
秋田県畜産組合『秋田県畜産組合事業報告書』1916-37年
秋田県畜産組合編『秋田県畜産史』1936年
秋田県畜産組合『第百八回秋田県畜産組合総代会議事録』1933年
一購買官「軍馬購買場に臨みての感」『馬の世界』第13巻第6号，1933年6月

## 参考・引用文献一覧

伊藤一雄『軍馬の涙―涙の完結編―』2003年
伊藤小一郎『農村産馬要説』賢文館，1937年
―――――「秋田県産馬方針回顧録」『馬の世界』第18巻第6号，1938年6月
井上綱雄（農林技師）「小農家の馬の飼養費に就て」『馬の世界』第15巻第4号，1935年4月
今井吉平「軍馬買上價格に就て」『牧畜雑誌』第292号，1909年2月
今村安（騎兵大尉）「馬産に関する坂西氏の所論を駁す」『馬の世界』第7巻第1号，1927年1月
岩館精素編『三本木産馬組合要覧』青森県三本木産馬組合，1910年
岩手県産馬畜産組合連合会『岩手県産馬誌』1910，12年
岩手県産馬畜産組合連合会編『岩手県の産馬』1937年
岩手県内務部『畜産要覧』1924，27年
大石時治「「新」農村振興策に就て」『秋田県農会報』第176号，1927年1月
大島又彦（陸軍中将）「憂慮すべき馬産―馬政局復活の必要を説き中央会設置の不急に及ぶ―」『馬の世界』第7巻第8号，1927年8月
―――――「軍事上より観たる我邦の馬政（続）」『馬の世界』第7巻第11号，1927年11月
小原平右衛門編『南部の誉・柏葉城の馬』青森県上北郡七戸産馬畜産組合，1938年

金本忠太「馬を牛に代へんとする人に」『秋田県農会報』第163号，1925年12月
川原仁左衛門（宮城県農会技師）「役畜と水稲作経営面積との適正比例」『畜産』第22巻第3号，1936年3月
河原田次雄「馬事漫談（一）」『秋田県農会報』208号，1929年9月
河辺立夫（陸軍技師）「近年ニ於ケル軍馬補充状況ニ就キ私見」『偕行社記事』第552号，1920年8月
岸良一（農林技師）「畜力の利用」『青森県農会報』第189号，1929年3月
蔵川永充（農商務省畜産局長）「馬産の局に立ちて」『馬の世界』第5巻第1号，1925年1月
栗原籐七郎「馬産経済の実態について」『帝国農会報』第29巻11号，1939年11月
栗山光雄「産馬界の現状を憂ふ（二）（三）」『馬の世界』第4巻第5，6号，1924年5，6月
軍馬補充部本部『昭和七年十月一日現在地方馬一斉調査ニヨル各道府県別郡市別　全国馬匹統計』1933年8月

坂上薫『ぐんばと―軍馬人の生活―』軍馬会，1972年
佐々田伴久（農林技師）「馬産振興上学ぶべき点」『馬の世界』第6巻第1号，1926年1月
―――――「農業経営と馬の利用」『馬の世界』第14巻第4号，1934年4月
三戸産馬畜産組合編・発『三戸産馬要覧』1919年
商工大臣官房統計課編『卸売物価統計表』明治33年乃至大正14年，東京統計協会，1926年
―――――『卸売物価統計表』昭和元年乃至昭和3年，東京統計協会，1929年

渋谷隆一編『都道府県別資産家地主総覧』青森編，秋田編，日本図書センター，1988年
庄司毅『畜産山形』三省堂出版部，1957年
神翁顕彰会編『続日本馬政史』第1-3巻，農山漁村文化協会，1963年
隻堂「農業畜力化の減退」『秋田県農会報』第210号，1929年11月

竹中武吉（福島）「帝国馬匹改良と其の目標に就て」『馬の世界』第6巻第11号，1926年11月
――――「種牡馬の国有は将に焦眉の急に迫れり」『馬の世界』第10巻第3号，1930年3月
――――「産馬の統制に就て」『馬の世界』第10巻第6号，1930年6月
田村新八『有畜農業経営法』牛馬篇，養賢堂，1932年
千葉清悦『嘶き―秋田の馬と馬と馬の話―』DIフォト企画，1985年
丁子生「駒市場を通して見たる販売拡張策問題」『秋田の畜産』第27号，1924年11月
帝国競馬協会編『日本馬政史』第4，5巻，1928年
帝国馬匹協会『農馬経済調査成績書』1934年
――――『東北地方馬事座談会記事』1935年
東奥日報社編『青森県総覧』1928年
――――『青森県年鑑』1929-1937年
東北町立蛯沢小学校創立百周年記念協賛会編『蛯沢百年』1977年

西村耕作（技師）「経済上より見たる農役用牛馬の得失」『秋田県農会報』第230号，1931年7月
農政調査委員会編『日本農業基礎統計』改訂版，農林統計協会，1977年
農林省『馬政第二次計画　附朝鮮，台湾及樺太馬政計画』1936年
農林省経済更生部編『有畜農業と組合経営に就て』中央畜産会，1934年
農林省畜産局『馬政第一次計画実績調査』第1-5巻，1935年
――――『本邦ニ於ケル畜力利用状況』畜産彙纂第2号，1926年
農林省畜産局『第三回馬政委員会議事録』1926年
――――『第四回馬政委員会議事録』1927年
――――『第八回馬政委員会議事録』1932年
――――『馬政第二次計画樹立ニ関シ特ニ考慮スベキ事項ニ対スル地方庁答申書』1934年
農林省統計情報部編『農業経済累年統計』第2巻，農林統計研究会，1975年
農林省馬政局『時局匡救放牧地及採草地改良事業助成成績』馬政局，1936年
農林水産省生産局畜産部畜産振興課「馬関係資料」2012年3月
野間海造『畜産法（馬政法）』農文協，1939年

馬政局『岩手県に於ける馬小作に関する調査』馬産経済実態調査特別報告第1号，1938年

―――『手間馬の慣行に関する調査―富山県に於ける耕作馬賃貸借状況―』1937年
―――『馬産経済実態調査』昭和12-15年度，1939-42年
―――『馬産経済実態調査成績』1945年
畠山雄三「秋田の馬産」『馬の世界』第4巻9号，1924年9月
福島県産馬畜産組合連合会『福島県産馬方針』1924年
福島県産馬畜産組合連合会編『福島県之畜産』1925年
古村良吉（福島県産馬畜産組合連合会）「馬利用に依る水田除草に就て」『福島県農会報』第113号，1930年9月
宝丹外史「農用役畜と模範的犂耕法」『福島県農会報』第45号，1925年1月
北海道畜産組合連合会編『北海道産馬府県移出取引改善状況報告書』1931年

宮城県産馬畜産組合『宮城県産馬畜産組合要覧』1939年
武藤一彦（軍馬補充部本部長・陸軍中将）「軍馬の資源に就て」『馬の世界』第13巻第10号，1933年10月
明治文献資料刊行会編『青森県農事調査書』明治前期産業発達史資料別冊（14）1，1966年
最上町教育委員会編『小国馬産資料』2-4（最上町文化財資料第12-14集）1987-1989年
盛田農民文化研究所『奥羽種畜牧場営農林』1956年

柳沢銀蔵（獣医学博士）「本邦造馬に対する将来の整理に就て」『馬の世界』第10巻第7号，1930年7月
山形県種畜場『山形県産馬沿革誌』1911年
山田仁市編『産馬農村の自力更生と種牡馬の充実』帝国馬匹協会，1932年
―――『主要都市ノ荷馬車ニ関スル調査』帝国馬匹協会，1934年
―――『馬利用の状況』帝国馬匹協会，1936年
横井時敬「經濟上より觀たる牛馬改良の方針」『牧畜雑誌』第311号，1911年9月
―――『畜産経済』子安農園出版部，1920年
―――「農馬より觀たる現在馬政上の意見」『馬の世界』第7巻第1号，1927年1月

陸軍省編『陸軍省統計年報』第22-49回，1912-1939年
麓蛙生「産馬の側望（二）」『秋田県農会報』第197号，1928年10月
―――「此秋の軍馬購買を見て」『秋田県農会報』第200号，1929年1月

若木寅之助（由利郡農業技手）「馬耕馬の取扱に就て」『秋田県農会報』第56号，1916年9月
鷲尾義直編『斉藤宇一郎君伝』斉藤宇一郎君記念会，1929年

『秋田県産馬調査書』出版年・出版者不明（秋田県立図書館所蔵）
「岩手県に於ける産馬座談会」『馬の世界』第11巻第9号，1931年9月

「岩手通信」『馬の世界』第 12 巻第 8 号，1932 年 8 月
「買上予想十万円軍馬インフレ現出　歳末を控えて窮乏の農村　生色よみがえる」『秋田魁新報』1933 年 11 月 29 日，朝刊 1 面
「軍馬二十頭買上　横手の購買終る」『秋田魁新報』1935 年 3 月 25 日，朝刊 2 面
「種馬設置助成ニ関スル件」『馬の世界』12 巻 10 号，1932 年 10 月
「種馬設置の奨励と非常時救済の馬に関する助成事業」『馬の世界』第 12 巻第 10 号，1932 年 10 月
「畜産技術員会議に於ける諮問答申」『秋田の畜産』第 19 号，1924 年 3 月
「畜産局の改組と局長の更迭」『馬の世界』第 15 巻第 7 号，1935 年 7 月
「東京府役馬共進会の状況」『秋田の畜産』第 29 号，1925 年 1 月
「東北六県連合馬耕競技大会」『馬の世界』第 12 巻第 12 号，1932 年 12 月
「二歳駒市場開かる　昨年に比して高値」『秋田魁新報』1935 年 7 月 9 日，朝刊 1 面
「農村の自力更生を促す」『馬の世界』第 12 巻第 8 号，1932 年 8 月
「馬産増殖改善ニ関スル事項」出版年・出版者不明（青森県立図書館所蔵）
「馬産に対する政府の非常時匡救施設に就て」『馬の世界』第 12 巻第 10 号，1932 年 10 月
「馬政委員会」『馬の世界』第 4 巻第 9 号，1924 年 9 月
「平鹿郡一部の産馬頭数は減少　憂慮せらるゝ傾向」『秋田魁新報』1933 年 7 月 21 日，夕刊 1 面
「不景気切抜け座談会」『畜産』第 16 巻第 8 号，1930 年 8 月

## あとがき

　本書の内容は，京都大学学位論文「近代日本の軍馬政策と農業及び農家経営―第一次馬政計画期（1906-1935年）の東北産馬業―」（2011年1月）をもとにしている。同論文から全体構成には手を加えていないものの，当時組み込めなかった共進会制度に関する学会報告の内容を補章として書き加えた。これで著者の学位取得までの研究成果を一通り公表した形になり，研究に1つの区切りをつけることが出来た。

　各章内容の初出は，以下の通りである。

序章・第1章　学位論文時に書き下ろし
第2章　「近代馬匹改良政策と馬産地域の対応―青森県上北郡を対象にして―」『農業史研究』第37号，2003年3月
第3章　「軍需主導型近代馬政と馬産地域―秋田県における重種馬生産流行の分析―」『2004年度日本農業経済学会論文集』，2004年11月
第4章　「戦間期における軍馬資源確保と農家の対応―「国防上及経済上ノ基礎ニ立脚」の実現をめぐって―」『歴史と経済』第201号，2008年10月
第5章　「戦間期における軍馬資源政策と東北産馬業の変容―馬産農家の経営収支改善要求に視点を置いて―」『歴史と経済』第209号，2010年10月
補章　「産馬共進会成績にみる馬匹改良政策の実態―青森県三本木・七戸産馬組合を対象として―」日本農業経済学会個別報告，2005年7月18日の内容をもとに本書で書き下ろし
終章　学位論文時に書き下ろし

補章の追加以外の変更点として，学位論文時には用いなかった写真資料を充実させたことがある。現在の日本で我々が目にすることが出来る馬はサラブレッドを主とする競走馬がほとんどであり，戦前に飼養されていた他の役種の馬やそれが働く姿はイメージしづらいと考えたからである。こうした意図から収録した写真が，読者の一助になれば幸いである。

　本書の出版にあたっては，京都大学の「平成24年度総長裁量経費　若手研究者に係る出版助成事業」による助成を受けた。また第3章と第4章の内容は，平成18年度笹川科学研究助成の成果の一部である。以上2つの助成に対して，改めて深くお礼申し上げる。

　最後に，本書の出版に至るまでにお世話になった方々に対して，この場を借りて感謝の意を表したい。まず著者の指導教官である野田公夫先生には，学部生時代から15年もの長い間，丁寧で温かいご指導をいただいた。先生の退職年に本書を出すことで，少しは教え子としての義務を果たせたかと思う。次に京都大学学術出版会の鈴木哲也氏には，出版にあたって数多くの無理な注文を引き受けていただいた。タイトな日程の中で本書をまとめることが出来たのは，同氏の尽力によるところが大きい。また調査で伺った東北地方各地の図書館・資料館の方々には，様々な形でご協力をいただいた。「わざわざ京都から来ているのだから…」と資料の閲覧・複写に便宜を図ってもらったことは数限りない。以上の他，著者の所属する比較農史学講座の足立芳宏先生，伊藤淳史先生，及び院生各員からは，ゼミ報告時に多くの貴重なコメントをいただいた。それらは馬を専門とする著者自身では発想が行き届かないものばかりであり，研究の視野を広める上で大きな助けとなった。

　誰よりも既に他界した父と，著者の自分勝手な研究生活を見守ってくれている母に，本書を捧げたい。

2013年3月

大瀧　真俊

## 索　引

### 人名

大江志乃夫　16
梶井功　9-10, 92, 191, 197
菊地昌典　9, 13
岸英次　64, 69, 87, 170
河野通明　14

近藤康男　8-10, 131
佐々田伴久　139, 144
菱沼達也　9-10
藤田萬次郎　139, 142, 196

### 事項

[あ]

秋田県畜産組合　109, 111, 113, 116, 121
アジア・太平洋戦争　3-4, 6, 17, 134
アングロアラブ種　27, 50, 54, 213
アングロノルマン種　27, 29, 50, 53, 55, 104-105, 117
育成地　28, 198-201, 224
育成農家　28
牛論　157-159, 239
馬小作（牛馬小作）　10, 23-24, 214
馬は不経済　40, 59, 236-237
馬利用増進　131, 144-145, 149, 152, 157
馬論　157-158, 239
役馬共進会　106-107, 208, 211, 222-224, 234
役馬奨励規則　143, 182, 211
役繁兼用　28, 215
雄勝（郡）　54, 198, 224

[か]

改良馬　26, 55, 83, 143-145, 148-149, 159, 163-164, 169, 177, 231-232, 237-239
上北（郡）　25, 50, 55, 59, 63-65, 72-74, 88, 213, 229, 234
乾田馬耕　13, 49, 54

救農土木事業　171, 189, 191-192
競走馬　12, 86-87, 119, 188, 212
近代短床犂　14, 148, 181
軍縮　17, 36, 57, 127, 132, 169, 175, 212, 236, 238
軍馬景気　198-200
軍馬購買　7, 23, 53, 82-84, 94, 119, 122, 133, 169, 174-176, 195, 198, 229-230, 233
軍馬生産　169, 177-179, 196-198
軍馬補充部　17, 56, 75-76, 82, 93
　——三本木支部　56-58, 75-76, 91, 95
　——七戸支部　56-57, 76
経済更生計画（運動）　15, 171, 189-190
軽種　27, 50, 68, 105, 213
軽輓馬　27, 50, 53, 104, 106, 114, 117, 188, 219
国有種牡馬　34, 55, 74, 78-81, 86, 96, 115, 155, 173, 179, 185, 189, 198
　——種付規則　79
骨軟症　158

[さ]

在郷軍馬貸付制度　195
在来馬　3, 7, 14, 34, 41

サラブレッド種　12, 27, 53, 54, 213
産馬共進会　208, 213, 217-218, 233
産馬組合（産牛馬組合）　13, 22
産馬奨励規程　208-211, 213, 216, 218, 233
三本木産馬組合　84-85, 89, 91, 94
使役収入　131, 145, 152-153, 159, 164, 182, 231-232
使役地　28, 47, 53-54
使役農家　25, 28, 131, 182, 231, 235, 238
時局匡救事業　15, 171, 189-191, 200, 233
支出削減　132, 152, 158, 164
七戸産馬組合　213, 215
重種　27, 54, 101-102, 104-106, 108-109, 113-119, 121-123, 230
　　──流行　101, 104, 109, 112-113, 116, 118, 121-123, 219, 230
重輓馬　27, 104, 106, 114, 117, 219
種畜場　76, 82, 109, 112
種馬育成所　55-56
種馬共進会　208, 211, 218-221, 234
種馬所　35, 55-56, 76, 78, 84, 115-116, 189
　　──種付規則　78
種馬設置奨励規則　190
種馬牧場　35, 55-56, 74, 82, 84, 93
種牡馬検査法　77-79, 95, 121, 123, 160, 229-230
種牡馬飼養奨励規則　185, 190
小格馬　26, 152-157, 177, 179, 232, 236, 239
昭和恐慌　41, 162, 170-171, 184, 232
代掻き　161, 232
セリ市場　22, 74, 82, 84-86, 108, 119-120, 122, 174, 196, 229
　　──手数料　112, 173
戦時軍馬需要　17, 38, 40, 131, 134
騙馬　28, 47, 182, 219, 224
総力戦　3, 16, 18, 231, 235, 238

［た］
第一次世界大戦　16-17, 36, 40, 105, 114, 132, 134, 169, 234
第一次馬政計画　4, 16.21, 33, 39, 41-44, 58, 234
　　──第一期　25, 35, 39, 58, 63, 101, 208, 213, 229
　　──第二期　25, 36, 39, 59, 127-128, 136, 169, 172, 208, 218, 222, 231, 236
退却雑種　27, 81, 86, 88
体高　4, 26, 39, 82, 148, 160, 177, 180
第二次馬政計画　36
種付所　84, 181, 185, 190
駄馬　27, 134-135, 155, 235
畜産局　36, 127-128, 136, 141, 143, 149, 152, 211, 231, 236, 238-239
畜産組合　13, 22, 136, 173, 184, 188, 191-192
畜産経済研究会　9
畜産奨励規則　208-209, 211-212, 218, 223, 234
地方馬一斉調査　42
中間種　27, 50, 101-102, 104-106, 108, 114-115, 117, 120, 122, 230
中耕除草作業　146, 149, 159, 193
朝鮮牛　41, 157
帝国競馬協会　188, 212
帝国馬匹協会　23, 185, 196
伝染性貧血症（伝貧）　158, 188
東北馬産3県　173, 181, 190-192, 196
東北冷害　162, 184, 232
都市運搬馬　27, 103, 106, 121, 123, 134, 215

［な］
内地馬政計画　38
南部地方　50, 58, 64-66, 213
日露戦争　4, 6, 16, 34-35, 37, 134, 209

日清戦争　4, 6, 34, 77, 134, 209
日中戦争　9, 38, 171
農会　23, 157, 182, 192
農商務省　7, 34, 36, 77, 92, 127, 211, 236, 239
農馬　4, 6, 13-14, 54-55, 101-102, 131, 145, 155-156, 164, 179, 231, 235
　──生産　169, 177-179, 196-198
　──即軍馬　6, 238
　──部門　127, 131, 144-145, 154, 159
農民的中規模経営　69, 87, 96
農民的零細経営　69, 88, 96
農務局　34, 36, 63, 209, 236
農林技師　144-145, 151-152, 157, 182, 212
農林省　7, 36, 127, 141, 171, 184, 188, 200, 203, 231, 233, 236

[は]
馬耕　13-14, 34, 49, 74, 145-146, 170, 180-181, 235
馬産供用限定地　92-93, 185
馬産経済実態調査　10, 64, 207
馬産地　28, 47, 50, 53-54, 63, 86, 95-97, 105, 123, 172-173, 198, 201, 229
馬産農家　7, 28, 63-64, 82-84, 108, 169-171, 177-180, 214, 229-230, 235, 238
馬産は破産なり　41, 170, 182, 236
馬政委員会　136, 139, 141, 196
馬政局（農林省）　10, 36
馬政局（陸軍省）　17, 35-36, 63, 82, 92, 113, 115, 127, 210, 236
馬籍法　35, 42

馬匹改良　3, 13-14, 33, 39-41, 77-78, 82-84, 86-87, 119, 207-209, 229-230
馬匹共進会　25, 207, 209, 233-234, 236
馬匹去勢法　35
馬匹調査会　92
浜中牧場　69, 214, 216
平鹿（郡）　54, 198, 220, 223-224
広沢牧場　66, 69, 71, 87, 138
平時軍馬需要　17, 132, 170, 232
ペルシュロン種　27, 29, 54, 101, 104, 108, 112-113, 117
牧野　23-24, 44, 65, 88-89, 92-96, 185, 191-192, 229
　──法　191

[ま]
満州事変　21, 36, 170, 175, 198, 203, 233
民間牧場　65, 69, 96
民有種牡馬　78-81, 86, 95, 121, 123, 155, 173, 180, 185, 190
明治農法　6, 34
盛田牧場　69, 214

[や]
野砲兵　37, 114
余勢種付　74, 84

[ら]
利益誘導　16, 83, 96, 119, 122, 169, 229-230, 233
陸軍省　7, 17, 35-36, 113, 127, 136, 210
臨時馬制調査委員会　92
累進雑種法　34

## 著者紹介

大瀧真俊（おおたき・まさとし）

京都大学農学研究科研修員
1976年生まれ　静岡県出身
京都大学農学部生物環境科学科卒業，同農学研究科生物資源経済学専攻博士課程単位取得満期退学，博士（農学）

主要著作に，
「近代馬匹改良政策と馬産地域の対応 ── 青森県上北郡を対象にして」（『農業史研究』第37号，2003年），「戦間期における軍馬資源確保と農家の対応 ──「国防上及経済上ノ基礎ニ立脚」の実現をめぐって」（『歴史と経済』第201号，2008年），「戦間期における軍馬資源政策と東北産馬業の変容 ── 馬産農家の経営収支改善要求に視点を置いて」（『歴史と経済』第209号，2010年），『日本帝国圏の農林資源開発 ──「資源化」と総力戦体制の東アジア』（分担執筆，京都大学学術出版会，2013年）

---

〈プリミエ・コレクション 39〉
軍馬と農民　　　　　　　　　　　　　　　　　©Masatoshi Otaki 2013

2013年3月31日　初版第一刷発行

著　者　　大　瀧　真　俊
発行人　　檜　山　爲次郎
発行所　　京都大学学術出版会
　　　　　京都市左京区吉田近衛町69番地
　　　　　京都大学吉田南構内（〒606-8315）
　　　　　電　話（075）761-6182
　　　　　FAX（075）761-6190
　　　　　URL　http://www.kyoto-up.or.jp
　　　　　振　替　01000-8-64677

ISBN978-4-87698-274-5
Printed in Japan

印刷・製本　㈱クイックス
定価はカバーに表示してあります

本書のコピー，スキャン，デジタル化等の無断複製は著作権法上での例外を除き禁じられています。本書を代行業者等の第三者に依頼してスキャンやデジタル化することは，たとえ個人や家庭内での利用でも著作権法違反です。